“V”字形整枝

三主枝开心形整枝

次郎甜柿盛开的雌花

禅寺丸柿的雄花序

柿树高接

高标准建园

嫁接苗

纺缍形整枝

柿园生草管理

幼龄柿园间作

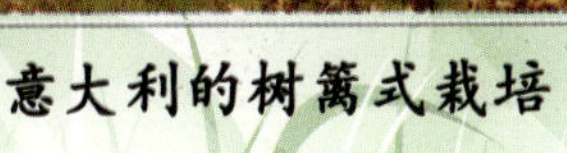

意大利的树篱式栽培

树篱式栽培的早期整枝

甜柿的离体快繁

介壳虫引起的煤污病

柿炭疽病引起的落果

柿果日灼症状

柿生产实用技术

主 编
扈惠灵

编著者
宋建伟 苗卫东
周瑞金 扈惠灵

金盾出版社

内 容 提 要

本书由河南科技学院的专家编著。内容包括:柿树的生长结果习性、良种选择、育苗技术、柿高效配套生产技术、柿产业存在的问题与对策等5章。内容简明实用,文字通俗易懂,可供果农、农业科技人员和农林院校师生阅读参考。

图书在版编目(CIP)数据

柿生产实用技术/扈惠灵主编.-- 北京 :金盾出版社,2012.11

ISBN 978-7-5082-7794-3

Ⅰ.①柿… Ⅱ.①扈… Ⅲ.①柿—果树园艺 Ⅳ.①S665.2

中国版本图书馆CIP数据核字(2012)第176764号

金盾出版社出版、总发行

北京太平路5号(地铁万寿路站往南)

邮政编码:100036 电话:68214039 83219215

传真:68276683 网址:www.jdcbs.cn

封面印刷:北京印刷一厂

彩页正文印刷:北京燕华印刷厂

装订:北京燕华印刷厂

各地新华书店经销

开本:850×1168 1/32 印张:4.125 彩页:4 字数:72千字

2012年11月第1版第1次印刷

印数:1~5 000册 定价:10.00元

前　言

柿起源于我国，在我国有 3 000 年以上的栽培历史，也是我国重要的经济林树种之一。据联合国世界粮农组织(FAO)2010 年的统计数据，我国柿的产量为 304 580 万吨，产值为 98 247.4 万美元，面积和产值均遥居世界首位。

柿树具有一树多用之功效，具有很高的营养价值、经济价值和生态价值。柿果色泽艳丽，皮薄味甘，丰腴多汁，营养丰富，含有丰富的胡萝卜素、维生素 C、氨基酸、葡萄糖、果糖和钙、磷、铁等，除鲜食外，还能制糖、酿酒、做醋，也可加工成柿饼、柿酱、柿脯、柿干、柿糕，尤其是制成的柿饼因醇甜如蜜、肉质金黄半透明而畅销国内外。从食疗的角度看，柿是慢性支气管炎、高血压、动脉硬化、内外痔疮患者的天然保健食品，有清热去燥、润肺化痰的功能，可以缓解大便干结、痔疮疼痛或出血、干咳、喉痛、高血压等症；柿蒂、柿霜可作药用；常饮柿叶茶可以促进机体新陈代谢、降低血压、增加冠状动脉血流量及镇咳化痰；柿树木材质地坚硬，可用作雕刻、家具；柿果含多量单宁，可提取柿漆，是工业不可缺少的防腐材料，又是绿化造林应用中的优良观果观叶树种。

柿树适应范围广，对自然条件要求不严，适应性强，在我国分布广泛，南北东西均可栽培，有着丰富的地方良种资源；并且柿树抗干旱，耐湿，耐瘠薄，管理容易，生长快，结果早，易丰产，寿命长，经济寿命可达数百年之久，是农民致富，尤其是广大山区群众所喜爱的栽培果树之一。

近年来，随着人民群众生活水平的不断提高，对果品的需求趋向多样化，在一些城市和农村的庭院，以及一些绿化工程也都开始栽植柿树。而在全国各地出现更多的是通过各项林业重点工程（如退耕还林等）建起来一些规模柿园。但受传统管理模式的影响，多数群众认为柿园是“铁果园”，即不需细心管理，建园质量参差不齐，从病虫防治、整形修剪等方面都达不到规模种植的技术要求，重采果、轻管理，采多少算多少，表现为低产量、低收益，严重挫伤了种植者的生产积极性。

在一些栽培老区，柿树分布广，群众有一定栽培柿树的习惯和经验，收益理想，但栽培过程中最突出的生产问题表现在品种结构单一，不利于产业整体抵御自然灾害；以田间地头销售为主，市场占有率较低；忽视了农产品质量安全问题，常施用过量农药、化肥等，柿果污染严重，并造成农业生态环境破坏。另外，甜柿生产的规模迅速扩大也是我国柿树生产的另一特点，甜柿因其成熟时在树上自然脱涩，摘下可直接食用，改变了传统的食用习惯，市场前景广阔，各地都在积极引进推广。日本原产甜柿在我国表现成熟早，这对提前占领东南亚市场很有利，近年来，在我国发展十分迅速，广西壮族自治区目前甜柿种植跃居为我国柿生产的第一大省。然而甜柿有其自身的结果特点，很多种植者对之并不太清楚，往往采用传统的涩柿管理方法，最终达不到应有的高收益。

但不论是涩柿还是甜柿，与其他大宗鲜果相比，其无公害栽培相对比较容易。一方面是各种果树无公害栽培技术比较成熟，并有相应标准可参考，另一方面柿树的主要病虫害较其他大宗鲜果少，比其他鲜果病虫害容易防治。因此，柿树的无公害高效栽培在掌握柿树生长结果规律的基础上，通过选用优良品种、科学栽植、加强土肥管理、合理整形修剪、综合防治病虫害等农业措施即可逐步实现。

编著者

目 录

第一章 柿树的生长结果习性

一、柿树根系生长特性

(一)根系分布特点

柿树根系由主根、侧根及须根3部分组成。从功能上来讲,主根、侧根又称骨干根,须根称吸收根。柿树根系分布范围主要受砧木的影响。另外,还会受到土层厚度、土壤质地及地下水位等多种因素的影响而发生变化。

用君迁子(软枣、黑枣)作砧木,根系分布较本砧(或称共砧,即栽培种的种子作砧木)浅,主根较弱,分支力强,细根多,根毛长,肉眼可见,寿命也长,可越年生存,着生于吸收根上,吸附泥土和水分能力强,且侧根伸展很远,故耐旱、耐瘠薄。北方各地栽培的柿树多植于荒山、丘陵沟边,多用君迁子砧,主要根群分布在10～40厘米的土层内,垂直根可长达3～4米,水平分布常为树冠冠幅的2～3倍。

柿树本砧的根系分布较君迁子深,主根发达,侧根和细根较少,耐湿而不耐寒,但抗热性强、耐旱。在多雨的南方适宜使用。

(二)根系生长特点

1. 生长势强 从生理学上看,柿树根系渗透压较低,不抗旱,吸水能力强。但由于其根系分杈多、角度大、尖削度小,并成合轴式分杈,且根毛寿命长,有利于根系向各方向扩展,形成较强的生长势,在较差的土壤环境下如多石块、土层薄、斜坡梯田、高水位等地块,可扩大吸收范围,吸收深层水分,因此提高了其抗旱性和耐瘠性。

2. 再生能力差 柿的初生根呈白色,老根有裂纹,较粗糙,内部呈白色。但柿根含单宁较多,切断或受伤后暴露在空气中立即氧化,变成黄色,较其他果树根系难愈合,恢复较慢,也不易发新根。因此,起苗移栽要注意多保留根系,深翻施肥也要注意少伤根。

3. 抗寒力差 在较寒冷的地方,秋季移栽或假植时要防止根系冻伤,影响成活。

4. 年生长期短 柿根系在年生长周期中比地上部分开始生长晚,停止生长较早。一般在展叶后,新梢即将枯顶和初花期时才开始生长,因为柿树新根发生需要较高的土壤温度,对磨盘柿的调查发现,在 30 厘米左右的根系分布层,土壤温度 19℃～20℃时发生新根,新根多发生于细根的根尖、直径 0.5～1 厘米的粗根以及断根的断口附近。根系 1 年中有 2～3 次生长高峰期,分别是新梢停止生长与开花之前、花期之后(5 月下旬至 6 月上旬)、7 月中旬至 8 月上旬,以花期之后这一时期总生长量最大,时间最长,第三次生长量小或不出现新根。在河南省 5

月上旬大量发生新根，9月下旬基本停长。

二、枝芽生长特性

（一）枝芽种类

柿芽多呈三角形，位于枝条顶端的芽较肥大，向下依次变小。芽左右两侧各具1个相对且相互重叠的深褐色肥厚大鳞片。品种不同芽尖有裸露、微露和不露的区别。这与苹果、梨等果树的芽有显著区别，因为苹果、梨的芽体被多层鳞片所包被。

1. 芽　柿树的芽有花芽、叶芽、潜伏芽（隐芽）及副芽4种。

（1）花芽　花芽为混合花芽，即具有花芽和叶芽原始体分化，通常着生于结果母枝顶端及以下的几个节位上，肥大饱满，萌发后抽生结果枝或雄花枝。

（2）叶芽　叶芽比花芽瘦小，着生于发育枝顶端及侧方，或结果母枝的中下部，或结果枝的结果部位以上各节（又称果前梢部位），萌发后抽生发育枝。

（3）潜伏芽　潜伏芽（隐芽）着生在枝条下部，芽体特小，寿命长，可维持10年到几十年，一般多不萌发，遭受刺激（如修剪、枝条受伤）后会萌发抽枝，可用于树体的更新生长。

（4）副芽　副芽着生于枝条基部两侧的鳞片下，芽体大而明显。副芽一般也呈潜伏状态，其寿命比潜伏芽更长，遭受主芽受损或枝条重度剪截等刺激时，可萌发抽枝，其萌发力比潜伏芽强。一旦萌芽，其成枝力强，即长出强旺的枝条，因此柿树大枝的更新常用副芽进行。副芽是柿树更新生长、延长寿命和结果能力的理想贮备芽。

根据柿树各类芽体的特性，在整形修剪过程中，除注意利用花芽和叶芽外，还应注意保护和利用潜伏芽和副芽，促发新枝后，可用于树冠和骨干枝的更新。

2. 枝 柿树的枝条一般按其功能和生长状态划分为结果母枝、结果枝（结果新梢）、发育枝（生长枝）、徒长枝和细弱枝等（图 1-1）。

（1）结果母枝 是着生混合芽和抽生结果枝的枝条，生长势较强，一般长 10～30 厘米，也有的长达 40 厘米以上或仅有 10 厘米左右。结果母枝是由强壮的发育枝、充实的更新枝、粗壮且处于优势地位的结果新梢发育形成的。一般结果母枝顶端及以下 1～3 芽多为混合花芽，春季萌发后抽生结果新梢，开花结果。中部芽萌发后成为较弱的生长枝或不萌发，下部芽一般不萌发，常利用下部芽进行嫁接。粗壮结果母枝的花芽萌发较强壮的结果枝，结果能力强，少数品种中细弱的结果母枝的花芽只能萌发成雄花枝。

（2）结果枝 又叫结果新梢，是由结果母枝上顶部（通常为 1～3 节位）的混合花芽萌发形成。结果枝长 10～30 厘米，自下而上大致可分为 4 段：基部于 2 年生枝的结合部位有相对而生的 2 个副芽；基部 2～4 节为潜伏芽（盲节）；中部数节着生花芽，即花着生在叶腋间而不像

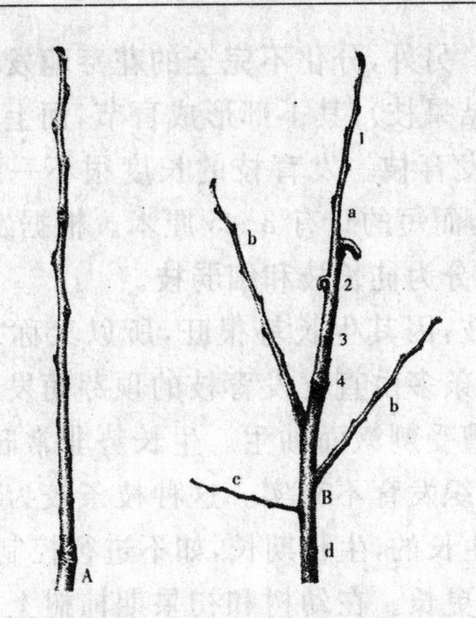

图 1-1　盛果期磨盘柿的枝与芽

A. 发育枝(1 年生结果母枝)及其顶芽与侧芽

B. 结果母枝(2 年生)及着生的结果枝和发育枝

a. 结果枝　b. 发育枝　c. 纤细枝　d. 潜伏芽

1. 叶芽　2. 结果部位　3. 盲节　4. 副芽

苹果、梨、山楂等顶端结果，但不再产生腋芽；顶部 3～5 节多为叶芽。在生长势健壮的树上，当年的结果新梢也能形成花芽，而成为翌年的结果母枝，继续抽枝结果。结果枝上着生花朵的数量，常因品种、结果枝的生长势强弱和着生部位有关。蜜柿和火晶柿等，一般 1 个果枝着生 3～5 朵花，磨盘柿和二糙柿等，一般 1 个果枝只着生 1～3 朵花，而很多甜柿品种 1 个果枝可着生 4～7 朵花。

(3)发育枝　又叫生长枝，是由 1 年生枝上的叶芽正常萌发、多年生枝上的潜伏芽、副芽遭受刺激后萌发而成，不能形成花芽。发育枝各节着生叶片，叶腋间有芽，但不着生花。另外,分化不完全的花芽萌发的枝条(分化完全的抽生结果枝),其下部形成盲节,而上部腋芽饱满,这种枝也为发育枝。发育枝的长度很不一致,长的可达40～50厘米,而短的只有3～5厘米。根据发育枝强弱的不同,又可细分为徒长枝和细弱枝。

①徒长枝:因其生长势很旺,所以又称“疯枝”或“水条”。这种枝条多由直立发育枝的顶芽萌发而成,或由大枝的潜伏芽遭受刺激而抽生。生长势非常旺盛,节间长,叶片大,但组织发育不充实。这种枝条较为粗壮,通常都是直立向上生长的,生长期长,如不进行控制,长度可达1米以上,甚至更长。在幼树和初果期柿树上,徒长枝较少发生,也没有利用价值,一般应及时疏除;盛果期后的大树上,在大的剪锯口、大枝背上或大伤口附近容易萌生徒长枝,着生位置适宜时,可及早摘心,使其形成花芽,转化为结果母枝;在衰老的柿树上,徒长枝可用于更新复壮。

②细弱枝:又称纤细枝,由1年生枝中部或多年生枝下部的芽萌发而成,生长细弱,长度多在10厘米以下。此类枝条影响通风透光,只能消耗养分,而不能形成花芽,所以修剪时应尽可能少保留。

(二)枝叶形成与生长特点

柿当年生枝条是由冬前发育的芽内雏梢形成的。柿树萌芽前,雏叶迅速发育,体积增大,当雏梢伸长,突破包被着的2个肥大鳞片,而鳞片未脱落,继续包被着里面的副芽,此时即为萌芽期。萌芽后随着雏梢伸长,叶片随着生长，发育成当年新梢，在新梢的叶腋间会分化新一代的芽。已分化了花芽的芽内雏梢，萌芽后随雏梢伸长，叶腋间出现花蕾，发育成结果枝。柿树只有在重修剪或受刺激或肥水充足的条件下，才会出现与梨、苹果等果树相似的芽内雏梢和芽外雏梢分化，发育成强旺的徒长枝，但这是个别现象。

柿树枝条有自枯现象，即芽萌发展叶后，枝条迅速生长，达到一定长度后，顶端嫩尖便自行枯萎脱落，其下的第一个腋芽便代替了顶芽。所以，柿树无真正顶芽，其顶芽被称为假顶芽或伪顶芽。

柿树具有生长旺盛、萌芽率和成枝力强、树势开张、层性明显、更新容易和寿命长等特点。

1. 萌芽率与成枝力强　成龄柿树的枝条除中下部的芽不萌发外，大部分都能萌发抽生结果母枝和发育枝。由于柿树易成花，幼树进入结果期后，单枝生长势明显减弱，萌发的新枝大多为结果母枝(即 1 年生枝多能形成花芽)。而发育枝多为结果母枝中下部的叶芽萌发，一般都较短而弱，旺的发育枝多由不能连续结果的枝条上部叶芽或由潜伏芽发出。

2. 顶端优势与层性明显　柿树的顶端优势明显，一般枝条顶端的 2 个芽非常接近，所抽生的枝条都很粗壮，而以下芽所萌发的枝条其生长势依次减弱，下部的几个芽则不能萌发而成为潜伏芽。基部鳞片覆盖下的副芽一般不萌发，一旦遭受刺激或枝条被折断，则萌发为旺长枝条，可用于更新。

柿树在幼苗期的顶芽生长优势更为明显，表现出特别强的顶端优势，从而形成树体明显的中心主干和良好的层性。在幼树期，枝条的分生角度小，多呈直立生长，随树龄的增长，大枝逐渐开张，开始弯曲下垂。

3. 潜伏芽寿命长，易于更新 柿树枝条下部的潜伏芽和基部的副芽寿命长，一旦受刺激即能长出强旺枝条。生产上常利用副芽和潜伏芽进行更新复壮，这也是柿树易更新、寿命长的重要原因。潜伏芽萌发表现出较强的背上优势，当先端结果下垂后，后部潜伏芽即能自行更新复壮。因此，在生产中放任生长柿树有几百年生的大树，还能良好的结果，表现出极强的自我更新能力。

4. 柿树萌芽晚，新梢开始生长晚，伸长期短 柿树萌芽要求温度较高，一般要求平均温度在 12℃以上才开始萌芽，因此萌芽比苹果、梨等树种晚，开始生长也较晚。因而成年树新梢的生长期比其他果树偏短，一般长枝只有 30～40 天，短枝、中枝的生长期一般只有 1～3 周。盛果期柿树的新梢 1 年只有春季 1 次加长生长，而加粗生长则表现为 2 次高峰，即第一次在加长生长之初，第二次在加长生长停止时，生长势较缓但持续的时间长。柿树树冠外围的延长枝、幼旺树的旺枝以及树上的徒长枝，加长生长期则要长很多，新梢年生长量可达 1 米以上，除春季生长外，在夏秋季节，往往还有二次或三次生长。

在河南省一般 4 月上旬开始展叶生长，4 月下旬生长加快，达到高峰，5 月上旬以后生长减缓，5 月中旬花期之前顶尖枯萎，停止加长生长。柿树停止生长早、叶幕形成快，有利于开花坐果、花芽分化，因此多数品种表现连续高产，结实率强，丰产，稳产。

因为柿树的花果着生在新梢中部，若生长过旺就容易造成落果，在肥水管理上要顺应枝条生长的特点，旺长期不施肥。有些品种的结果新梢生长更为特殊，呈现两节现象(如磨盘柿类)，即在果实着生处下部的新梢部位明显较粗，而上部枝很细，结果多的新梢这种“两节”现象更明显，一般由于上部枝细不能抽出健壮的枝条，生产上通过“折枝采收”，把上部细枝折掉，可起修剪作用。

三、结果习性

(一)结果年龄

柿树的整个生命周期可以分为生长期、结果初期、盛果期和衰老期。1年生嫁接苗定植3～4年可见果，5～6年进入初果期，10～12年进入初盛果期，15年后进入盛果期，多数甜柿品种的早果性较涩柿强。柿树结果年限的长短与品种特性、环境条件及管理水平有关，在适宜环境和良好的管理条件下，柿树的经济寿命可达100年以上。

柿树定植后进入生长期。此阶段柿树的根系和骨干枝营养生长旺盛，新梢生长量大，可达1米以上，并常常发生二次梢，分枝能力强，树冠抱头生长，顶端优势明显，中心干生长旺盛。生产上此期的重点是促冠成形，同时注意抑制局部生长，促使花芽形成，达到早果丰产的目的。柿树嫁接苗若管理得当，一般栽后3～4年就可开花结果。

结果初期是指第一次结果至盛果期。此阶段特点是树体骨架逐渐形成，枝条角度逐渐开张，产量逐年增加，无隔年结果现象，此期长短与管理水平密切相关。生产上力求缩短这一时期，要加强土肥水管理，继续整形，培养骨干枝及各类枝组，以轻剪为主，使树冠迅速达到最大营养面积。后期管理重点是促使结果部位由辅养枝向骨干枝转移，采取一切措施促进成花和坐果，一般7～10年即可进入盛果期。

盛果期是从柿树开始大量结果至衰老前产量明显下降的一段时间。此期树冠已成形，树姿开张，外围当年抽生的新梢大部分转为翌年的结果母枝，生殖生长占明显优势，且枝条密集，下部和内膛细的枝有枯死现象，后期结果部位外移，出现大小年结果现象，内膛出现更新枝。应加强肥水管理，精细修剪，搞好更新，调整负载量，尽可能延长此期的时间。

衰老期是盛果期以后至植株衰老死亡的一段时期。此期树冠缩小，枯死枝逐年增多，产量下降，隐芽失去萌发更新能力。生产上应注意早期更新复壮，延迟这一时期的到来。

(二)花性特征与结果特点

1. 柿树花的类型　柿树的花分为雌花、雄花和两性花(完全花)。

(1)雌花　是指雄蕊发育不全或完全退化的花。柿树雌花单生,个大,一般着生在较粗壮的结果枝上,在第三至第八节的叶腋间,每个叶腋间着生1朵花,以4～6节着生最多。每一结果枝上着生花芽数量的多少,与结果母枝的生长势强弱以及混合芽着生的位置有关。强壮的结果母枝,尤其是结果母枝上的顶芽,抽生的结果枝多而健壮,着生的雌花也多。一般每个结果枝上着生的雌花,少者2～3朵,多者达10朵以上,通常为4～5朵。

(2)雄花　是指雌蕊发育不全或不具雌蕊的花。柿树的雄花是几朵簇生于叶腋间,呈聚伞花序。每个花序有雄花1～3朵,大小只有雌花的1/5～1/2。雄花吊钟状、花柄细长,雌蕊退化,雄蕊8对,花丝较短,花药长而大,花粉量随品种而异。休眠期可从残留在枝条上的花柄粗度和长度区别。

(3)两性花　是指雌花、雄花皆发育完全的花,又称完全花。柿树的两性花具有雌、雄蕊两性,小于雌花,大于雄花。两性花又可分为雌花型和雄花型2种。雌花型的外观和雌花相似,单生于叶腋间,雄蕊退化,常易产生有核果;雄花型着生于雄花序中间,大小介于雌、雄花之间,萼片、花瓣、子房都属中间型。两性花的结实率低,其果实大小与雌蕊发育程度有关,结果后通常发育不良,果实呈长心形,大小仅为雌花果的1/3左右。

2. 柿树的花性特征　经过长期自然选择及人工选择,使得越进化的柿树品种其单性结实能力越强,雌花比例也越大，甚至无雄花和两性花。按照各种花在各品种上着生的情况，可将柿树分为3种类型。

(1)雌株　即树上仅生雌花，不需授粉即能结出无籽果实(即单性结实)，绝大多数栽培品种属于此类型，也称雌能花品种。

(2)雌雄异花同株　一株树上有雌花也有雄花，均着生在结果枝叶腋间，栽培的柿品种中有少数品种属于这一类型。如襄阳牛心柿、黑心柿、保定火柿、杵头柿。但有的品种这种特性不稳定，当营养条件好转时，则仅生雌花。说明花性转变与营养有关。

(3)雌雄杂株　一株上有雌花、雄花，也有两性花。如陕西富平的五花柿。一般野生树多具有雌雄杂株特性。

目前我国栽培的优良品种多为雌能花品种，虽然雌雄同株及杂株树也有优良类型，但多为实生后代或野生类型，果小，质量差，坐果率低，栽培价值低，有的观赏价值很大。

3. 结果特点　由于大部分品种仅有雌花，所以柿的花芽大多指雌花芽。柿花芽为混合芽，着生在结果母枝的顶端及顶端以下几个侧芽部位。一般每个结果母枝着生2～3个混合芽，多者可达7个。混合芽翌年萌发后抽生结果枝，在结果枝由下至上3～8节的叶腋间开花结果，以4～6节为最多。每个结果枝上的花数不等，一般1～5朵，个别结果枝自基部第三节开始至顶端每节都有花着生，但仍以中部花坐果率高，质量好，抽生的结果枝生长势强，数目多。

柿树结果枝连续结果能力与生长势强弱有关，健壮的结果枝可以转化成结果母枝，连续结果，否则转化成营养枝。柿树坐果能力及连续结果能力与品种及营养状况有关，一般小果型品种坐果率高，营养水平高，连续结果能力强，否则差。而柿树大部分品种坐果与授粉关系不大，因其单性结实能力强。

（三）柿树开花坐果及果实发育

柿树在展叶后 30～40 天，进入开花期，开花时期与品种有关，而且开花延续时间也因品种不同。在河南省多数品种于 5 月上中旬开花，通常开花延续时间为 5～7 天。柿花开放有高度顺序性和向光性，在同一株树上开放的顺序与花的部位、枝势、芽分化程度、方向等有关。一般表现为上层的花先开，依次是中下层；同层的花，南向的先开，北向的晚开；在一个结果新梢上，中下部的花先开，上部的后开。雌雄同株及杂性株品种，雄花先开，雌花后开；在一个雄花序中，中心花先开。

柿果是由子房直接膨大发育而成，子房外壁、中壁、内壁分别发育为果皮、果肉和内果皮；花梗、花萼发育为果梗和柿蒂；胚珠发育成种子或发育一段时间后退化。柿栽培品种多数为单性结实，因此不需授粉受精，但有些品种则需授粉，如襄阳牛心柿、黑心柿。

柿果的生长呈现快—慢—快的生长节奏，即分为 3 个阶段。第一个阶段自坐果后至 7 月中下旬，属细胞分裂阶段，持续 40～60 天，有调查显示，此期果实纵、横径的生长量分别占成熟时总生长量的 43％和 61％，可见此期是决定柿果大小的最关键时期。第二阶段为细胞缓慢增长期，此期约持续 50 天，增长量很小，主要是内含物积累阶段。第三阶段为细胞迅速增长期，约在成熟前 1 个月左右。此期细胞迅速膨大，其纵、横径的生长量分别占总生长量的 45％和 24％，同时内部营养进行转化。从整个发育过程可以看出，柿果与其他果实的发育不同，前期细胞分裂阶段，横径生长大于纵径，而后期细胞体积增长阶段则表现出纵径生长大于横径。

（四）落花落果

柿树落果有 2 种原因：一是由于柿树本身的生理失调所引起的生理落果；二是因炭疽病或柿蒂虫等病虫害造成的落果。

柿树生理落果一般有 3 次：第一次发生在新梢迅速生长期，称落蕾。发生在柿树开花前，主要是果枝基部的花蕾脱落。主要原因是花芽分化不完全，单花质量差。第二次是在花后 2～4 周，6 月上中旬，此时主要是幼果脱落，表现为花萼与果实一起脱落，此期落果最重，占落果总数的 80％以上，有的品种在 6 月下旬至 7 月下旬又有一次小的落果高峰。主要因营养竞争（营养转换期）和幼胚发育过早停止引起，柿树多数品种不需授粉，主要靠早期幼胚发育产生激素，调动营养，若幼胚过早退化则促进果实发育的激素减少，从而引起脱落。有些单性结实力差的品种授粉不良也是落幼果的主要原因。第三次是在8月上中旬至成熟前,又叫后期落果。表现为仅果实脱落而萼片残留,树上留下干柿蒂。后期落果为品种的遗传特性,如火晶柿、磨盘柿落果轻,一般不会超过10%,不易察觉,而富有、镜面柿、大红袍等落果重,最多时落果率达2/3。

柿树生理落果的根本性原因是营养(贮藏营养和当年合成营养)的分配矛盾。在年周期中,各个物候期阶段节奏性强,营养分配中心明显。3月中下旬为发芽期,4月份集中于营养生长,为新梢的主要生长期,5月份则专注于花芽发育和性器官形成及开花坐果,而6月份则转向果实发育和花芽分化。但其中各物候期有很大的重叠,如新梢速长期正是花孕育、性器官形成期;开花坐果期正是根系生长高峰。与其他果树不一样,柿树根系晚于地上部活动,7~8月份果实发育、花芽分化时,根系生长也会争夺营养,特别是柿果本身多单性结实,调动、争夺营养的能力差,更易导致营养分配不均的问题。

第二章　良种选择

一、柿树品种的类型划分

作为一个优良品种，要具备好看、好吃、易种植、耐贮运等突出特点。我国目前柿树良种很多，不仅有早、中、晚熟之分，还根据其在树上成熟前能否自然脱涩有涩柿与甜柿之分。我国原产的柿品种除罗田甜柿及近年从中优选的几个品种属完全甜柿外，其他均属涩柿。这里所说的柿子的“甜”与“涩”与含糖量无关，而是决定于其中的单宁形态。其实，严格地按学术上的分类方法，柿有4种不同的品种类型。

（一）完全涩柿

此类品种的果实在树上成熟后至软熟前不能完成脱涩，采后必须经过人工脱涩或后熟作用脱涩才能食用。不论果实有无种子，在果实完全软化前均不能自然脱涩，果肉内也不形成褐斑。我国原产的绝大多数品种基本都属于这一类。

（二）不完全涩柿

此类品种的成熟种子周围会部分脱涩，而种子的作用范围较小，自然脱涩度低，如平核无、会津身不知、甲洲百目、衣纹等。通常我们将之归为常说的涩柿范畴。

(三)完全甜柿

此类品种的果实不论有无种子，均能在树上自然完成脱涩过程，且脱涩完全彻底。果肉内基本无褐斑或形成少量褐斑，褐斑的点很细，肉眼看上去不明显。种子少时，商品价值更高。如富有、次郎、阳丰、新秋、伊豆、骏河、花御所太秋及我国的罗田甜柿、甜宝盖等。

(四)不完全甜柿

此类品种的果实只有在授粉条件好，每果中形成的种子达到一定数量(标准因品种而异)，果肉才能完全彻底自然脱涩，如果授粉条件不好，无种子形成或种子少时，果肉就不能自然脱涩或脱涩不完全，如禅寺丸、西村早生、海库曼、东洋一号等。其种子的作用范围较大，在种子周围的果肉中会出现许多褐斑，带褐斑的果肉是甜的，否则就是涩的。换句话说，不完全甜柿必须有种子存在，才能表现出甜柿的特性。可能会因为种子的形成差异，出现果实微涩，或一半涩一半甜，一株树上有的涩有的甜的情形。

选择优良品种时，要遵循区域化与良种化的原则，现在多数主产区柿产业的主要问题是品种结构不合理或品种退化。在这种情况下，只有改变品种结构，根据当地气候特点、土壤条件，按栽培用途引进和发展市场适销的优良品种，并注意早、中、晚熟品种的适当搭配，才有可能扭转这一局面，但要注意分析原产地与引种地生态条件的差异性质及差异程度。提高种柿树的经济效益，增加农民收入。

这里介绍一些在黄河中下游及中原地区表现较好的涩柿和甜柿优良品种，供种植者参考。

二、涩柿良种

（一）七月糙（早）

因早熟而得名。果实较大，平均单果重 180 克，扁心脏形，橙红色。果顶凸尖，皮薄，肉多，汁浓，味甜，可溶性固形物含量 17％左右，纤维少。品质中上等，特别早熟。

树冠圆锥形，树势中健，叶片深绿色。在原产地洛阳地区 8 月下旬成熟。

该品种早熟而不耐贮藏，宜鲜食，以硬柿或软柿供应市场。其成熟时正值多雨季节，对于采集和贮运都极为不利。

（二）雁过红

各地命名不一，又名艳果红、圆冠红。

果实大，平均单果重 150 克，扁心脏形，朱红色。果顶尖，十字沟明显，果基部方圆形。果皮薄，果肉纤维少，质脆，汁多，味极甜，含糖量19%左右。萼片中等大，蒂平。

树冠开张，枝梢下垂，树势较弱。新梢紫红色，叶片中等大，卵圆形，先端急尖。

该品种属早熟品种，硬食或软食皆宜，也用于制饼。有一定的适应性，对肥水条件要求较高，不适宜土壤贫瘠的地区，肥水不足时产量明显下降，大小年现象严重。在年降水量小于500毫米的地区较难适应。

(三)树梢红

属早熟鲜食品种。原产自河南省洛阳市一带。

果实大，扁方形，平均单果重150克，最大可达210克，果实大小基本一致。果皮光滑细腻，橙红色，果蒂绿色，蒂洼深。果肉橙红色，纤维少，无褐斑，味甜，汁多，少核或无核，品质上等。

树势中等，树姿开张，树冠圆头形，树干皮浅灰褐色，裂纹细碎，较光滑。叶片小，椭圆形，先端急尖，基部楔形。叶片浓绿色，有光泽，叶背有少量茸毛，叶柄中长。只有雌花。

结果枝着生在结果母枝上第一至第六节，生理落果少，产量稳定。在肥水条件良好、连年修剪的情况下，几乎无大小年现象。适应性一般，在中原地区都可栽培。

该品种由于早熟性好，生理落果少，产量稳定，作为地区配植品种极受欢迎，能填补市场空缺，经济效益可观，被认为是很有发展前途的优良品种。

(四)博爱八月黄

系河南北部的主栽品种。

果实中等大,平均单果重 130 克,扁方形。果顶广平或微凹,十字沟浅,基部方形。果蒂较大,方形半贴于果。无核,果肉致密而质脆,纤维粗,汁较多,味甜,可溶性固形物含量 17%左右。

树体高大,树冠圆头形,树姿开张,新梢粗壮,棕褐色。叶片椭圆形,先端渐尖,基部楔形。隔年结果现象不明显,适应性强,但易受柿蒂虫为害。

该品种可以鲜食,但主要用于加工。加工的柿饼肉多味纯,霜白甘甜,以"清化柿饼"闻名于国内外。

(五)满 天 红

分布于豫北太行山余脉,河北称为大红袍或满得红。

果实大,平均单果重 200 克,扁圆形,橙红色。果顶圆而平,一般无缢痕,个别在近蒂部有缢痕。皮薄,肉细,味甜,可溶性固形物含量 17%左右。

树势健壮,枝条开张。适应性中等,在山地、平原地区均可栽植。

该品种果实容易脱涩,以鲜食为主,也可制饼。

(六)绵　柿

又名绵羊头,原产自太行山区南部地区。

果实中等大,平均单果重 135 克,短圆锥形,橙红色。

果顶狭平或圆形，具 4 条明显纵沟，基部缢痕较浅，蒂小，果柄中等长。肉质绵，纤维少，汁液多，味甜柔，品质优，多数无核。

树势强盛，树姿逐渐展开，呈自然半圆形，萌芽率和成枝力均强，新梢褐色。叶片纺锤形，先端锐尖，基部楔形。适应性广，抗寒、抗旱、耐涝，容易发生的病害主要有圆斑病和角斑病。

该品种属早中熟品种。果实宜鲜食，也可制饼。

（七）荥阳水柿

原产自河南省荥阳，在河南中部栽植相当普遍，黄河流域各地都有引种。

果实中等大，平均单果重 145 克。果形不一致，有圆形和方圆形，但圆形的较多。果基部略方，顶端平。蒂突起，呈四瓣形。萼片心形，向上反卷。纵沟极浅，无缢痕，果皮细而微显网状，果粉少。果肉橙红色，味甜，多汁，多数无核，品质上等。

树体高大，树姿呈水平开张，树冠自然半圆形，枝条稠密，有椭圆形斑点。叶片大，广圆形，叶脉深绿色，叶柄长而粗。结果母枝产生结果枝能力极强，在一个结果母枝上往往能产生 2～4 个结果枝，特别是幼旺树，结果母枝能长到 25 厘米以上。

该品种适应性强，对土壤条件要求不严，树势强健，抗病力强，丰产性极好，果实最宜制饼，在黄河中下游都可栽植，且表现良好。

(八)水 板 柿

原产自河南省洛阳市新安县，在豫东、晋南及陕西省东部都有栽培。

果实极大，平均单果重 300 克，扁方形，大小均匀。果皮细腻，橙黄色。果梗粗，中长。果蒂绿色，蒂洼浅，蒂落圆形。果肉橙红色，风味浓，味甜，汁多，品质上等。一般 1～3 粒种子。果实容易脱涩，自然放置 3～5 天即可食用，软后皮不发皱。若用温水浸泡，1 天即可完全脱涩。耐贮性好，在一般贮藏条件下，4 个月内果的质量保持不变。

树势中强，树冠圆头形，半开张，树干灰白色，裂皮宽大。叶片倒卵形，先端狭而急尖，基部锐尖，叶背茸毛多，叶柄长。结果部位在结果枝第三至第五节，自然落果少。具有较强的抗逆性和丰产稳定性。

该品种是一个较有发展前途的优良品种。现在各地都在引种，尤其是山东、山西、河北、陕西等省引种数量较大。

(九)新安牛心柿

树冠开张，枝稀疏。果实极大，平均单果重 240 克，心脏形，果顶渐圆而尖，无缢痕和纵沟。蒂中大，方圆形，萼片平展。果皮细，肉质脆，纤维多，汁特多，味浓甜，少核或无核。

该品种晚熟，鲜食或加工均可。适应性广，平地、山地都能生长,最喜肥沃的沙壤土,所以在黄河流域栽培比较普遍。

(十)猪皮水柿

又叫水柿、猪皮柿,原产自河南省荥阳南部、洛阳西部等丘陵地区。

果实中等大,平均单果重 120 克,高桩的扁圆形,横断面略方,橙红色,无纵沟,果顶广平,微凹。蒂方,微平。皮粗厚,常有猪皮状花纹而得名。肉质脆,汁稍多,味甜,可溶性固形物含量 18%左右。无核或少核。

树冠圆头形,侧枝多而下垂,细枝褐色,多茸毛。叶片大,广椭圆形,先端渐尖。

该品种晚熟,最宜制饼,也可硬食。适应性强,特别耐瘠薄、抗干旱,是山区丘陵地区的优良品种。

(十一)灰 柿

系河南省主栽品种之一。

果实较小,平均单果重 80 克,果扁圆形,果底平。果梗中长,梗洼狭而平。萼片反转。果皮及果肉皆为橙黄色。可溶性固形物含量 16%左右,可做冻饼。

树势强健,树冠圆锥形。枝条较细,树干外皮粗糙,新梢紫褐色,先端有茸毛,皮孔多而大。叶片椭圆形,较厚,叶脉浓绿色,有光泽。

该品种成熟期较晚。适应性强,落果少,产量稳定,可以推广发展。

(十二)平核无

系从日本引入的涩柿品种,在日本为主栽涩柿品种。

果实中等大,平均单果重120克,大小整齐。果实扁方形,成熟时橙红色,软化后红色,果皮细腻,果粉多,无网状纹,无纵沟,无缢痕。果顶广平、微凹,萼片4枚,扁心形。果实横断面方圆形。果肉橙黄色,多汁,纤维粗而长。果髓小,成熟时实心,可溶性固形物含量15%~17%。

树势中庸,树姿开张,树冠自然半圆形。分枝多,皮孔长圆形。冬芽尖端微露在鳞片外。叶片中等大,卵圆形,先端阔急尖,基部圆形,浓绿色,腹面稍有光泽,背面淡黄色,茸毛少。全株仅有雌花,着生在3~7节。萌芽率高,发枝力较强。

该品种适应性广,我国各地均可栽植。

三、甜柿良种

(一)次郎

属中熟完全甜柿。

果实属大果型,扁方形,单果重200~250克,整齐度比富有差。果皮光滑、细腻、有光泽,完全成熟之后呈橙红色,果粉多。果顶平,微凹,果顶十字沟也很明显,容易开裂，细小的裂纹则几乎所有果实都有。横断面方形，具4条极浅纵沟，宽面清晰，无缢痕。柿蒂大、平。果梗粗而短，抗风力强。果肉黄微带红色，褐斑极细小且少，硬柿味甜、质地脆，肉质致密稍脆，但略带粉质，果实变软后口感变差。果汁较少，可溶性固形物含量17%左右，能完全脱涩。

树冠自然圆头形，树势强健，树姿稍直立。枝条较粗短，节间短，分枝多，容易密聚，结果量过多时容易压断。嫩叶呈特殊的淡黄绿色，持续很长时间，这是区别于其他品种的特征之一。无雄花。

单性结实能力强，无核果多，生理落果不多，隔年结果现象少。但种子形成容易，授粉之后种子过多，会影响其商品性，所以一般不配植授粉树或极少量配植，以增强坐果稳定性。

本品种因为与君迁子有良好的亲和性，目前是各地栽培最多也最理想的主栽品种。

(二)阳　丰

属中熟完全甜柿。

果实大，平均单果重230克，扁圆形，大小较整齐。果皮深橙红色，软化后红色，果粉较多，不裂果，无网状纹，无裂纹，无蒂隙，无纵沟。果肩圆，无棱状突起，偶有条状锈斑，无缢痕。十字沟浅，果顶广平、微凹，脐凹，花柱遗迹呈断针状。果柄粗、长。柿蒂大，圆形，微带红色，具有断续环纹，果梗附近斗状突起。萼片4枚，心脏形，平展。相邻萼片的基部分离，边缘互相不重叠。果实横断面圆形。果肉橙红色，黑斑小而少，肉质松脆，软化后黏质，纤维少而细，汁液少，味甜，可溶性固形物含量17%左右，商品性极好。髓大，成熟时实心，种子2～4粒。单独栽培时无核。在国家资源圃10月上中旬成熟。易脱涩，耐贮性强。

树势中庸，树姿半开张。休眠枝上皮孔较明显。无雄花，极易成花，雌花量大，坐果率高，生理落果轻，极丰产。

与君迁子嫁接亲和力较强，单性结实率强，但配植授粉树后产量增加，开始结果早，特抗病，较不抗旱，是目前综合性状最好的甜柿品种之一，可大量发展。但由于着花多，易坐果，为生产优质果，必须严格疏果，控制产量，并加强肥水管理。

（三）兴津20

属中熟完全甜柿。

果实方心形，横断面方圆形，中等大，平均单果重140克，最大果重170克。平均纵径4.9厘米、横径6厘米，大小整齐。果皮橙黄色，软化后橙红色，细腻，果粉较多，无网状纹，有横向裂纹，无蒂隙，软后难剥皮。无纵沟，无锈斑，无缢痕，无十字沟。果顶圆形，脐平，花柱遗迹簇状。蒂洼深、狭，果肩圆，无棱状突起。果柄粗，较长。柿蒂较大，方圆形，微带红色，略具方形纹，果梗附近斗状突起。果肉橙红色，黑斑小而少，纤维少、细、短，肉质松软，软化后水质，汁液多，味浓甜，可溶性固形物含量高达 22%，品质上等。髓较大，成熟时空心，种子多 2 粒。果实能完全软化，软化速度快，软后果皮不皱缩、不裂。耐贮性强。宜鲜食。在国家资源圃 9 月上旬果实开始着色，10 月上旬果实成熟。

花量较少，单性结实率高，容易坐果，生理落果不多，在瘠薄地栽培时，技术措施要跟上。对干旱抵抗力强，不容易感染炭疽病。与君迁子嫁接亲和力强。树势旺，进入结果年龄早，丰产，耐贮，品质优，汁液较多，味浓甜，有望成为次郎的替代品种。

（四）新　秋

属晚熟完全甜柿。

果实特大，扁圆形，平均单果重 240 克，最大可达 340 克。果皮橙色，果顶平，果面光滑，无纵沟。果肉橙黄色，肉质致密，汁液中多，味甜，可溶性固形物含量可达 18%，品质上等。褐斑少，种子 2～4 粒。

树姿较开张，树势中庸。叶片小，长椭圆形。全株仅有雌花。花量大，单性结实力较强，坐果率高，生理落果少，丰产性和抗病性均较强，具有一定的市场前景。但近果顶处易污染，且污染处易软化，特别在干旱有风的地区较严重。

果实在顶部变为橙黄色、基部变为黄色时即无涩味，成熟期比次郎早，在国家资源圃 10 月上旬成熟。

(五)大　秋

又称太秋，属日本近年推出的中熟大果型完全甜柿。

果实特大，平均单果重280克，扁圆形。果皮橙黄色，果面无纵沟，横断面方圆形，果肉黄色均一，褐斑少或无褐斑。肉质酥脆，口感甜爽，汁多味浓，可溶性固形物达18%以上，10月初果实成熟。结果早，结实力强，有极高的商品性。在一些试栽区品质明显优于次郎。其栽培适应性有待观察。

(六)富　有

属晚熟完全甜柿。

果实扁球形，中等大，平均单果重200克。横断面圆形或近椭圆形，果顶丰圆，果皮橙红色，无纵沟，通常无缢痕，赘肉呈花瓣状。果梗短而粗，抗风力强。肉质松软，有的具有紫红色小点，汁中等，味浓甜，可溶性固形物含量14%～16%，品质上等。褐斑少，种子少。果实自然脱涩早，鲜果耐贮运。

树势中庸，树姿开张。1年生枝粗且长，节间长，休眠枝略呈褐色，皮孔明显而突起，仅有雌花。萌芽迟，抗晚霜能力强，但在有早霜危害的地区果顶易软化。适应性强，开始结果早，大小年现象不明显。在国家资源圃10月下旬成熟。

该品种是日本甜柿中最有经济价值的品种，也是目前世界上栽培面积最大、产量最高的完全甜柿生产品种。

与君迁子、油柿等砧木嫁接不亲和，生产上采用本砧（如禅寺九、野柿等实生苗）。

（七）禅寺丸

属中熟不完全甜柿，授粉品种。

果实短圆筒形或扁心形。平均单果重144克左右，最大可达170克左右，大小不整齐。果皮暗红色。无纵沟，胴部有线状棱纹，果柄长。果肉内有密集的黑斑。种子多，种子少于4粒的果实不能自然脱涩。肉质松脆细嫩，汁液多，味甜，可溶性固形物含量14%～18%，品质中上等。

树势中庸，树姿开张。休眠枝节间短，皮孔稍明显，叶片长卵形，新叶黄绿色、微褐。在国家资源圃10月上旬成熟。耐贮性较强。落果少，丰产，但大小年较明显。该品种有雄花，且花粉量大，宜作授粉树，因雄花通常在弱枝上着生，作授粉树时可在树冠形成之后不再修剪。

耐寒性较强，与君迁子嫁接亲和力强，实生苗可作富有系品种的砧木。

（八）西村早生

属早熟不完全甜柿，有雄花。

在早熟品种里果实最大，单果重180～200克，大小也较均匀。果形比富有略高，扁圆形，果顶也较富有尖，蒂部无皱纹和纵构，柿蒂与富有近似，整齐而美观。果皮浅橙黄色，果皮细腻有光泽，着色好，完熟以后略带橙红色。无核果的果肉呈橙黄色，有涩味。通常长有4粒以上种子的果实才能完全脱涩，果肉中有大量褐斑，大而密，尤其在种子周围更密。肉质粗而脆，软后黏质，可溶性固形物含量14%左右，味稍淡。果汁较少，早采时略有涩味，在早熟品种中较耐贮运。

树势强，倾向于矮化，通常高接树生育良好。枝稀疏，发芽早，易遭晚霜危害。有雄花，但用作授粉树则花量太少，花粉量不多，尤其是幼树雄花量更少。雌、雄花的开花期都较早。

隔年结果现象不明显，落果也少，产量略低，但较稳产。算是良好的早熟品种。单性结果能力较强，但种子不足4粒的果实不能完全脱涩。为了生成足够的种子必须进行人工授粉，授粉树以雄花开花早的早熟品种赤柿为宜。

第三章　育苗技术

一、苗圃地的选择与整理

苗圃地土壤以轻黏壤土或沙壤土为宜，要求交通便利，地势平坦，排灌方便，光照条件好。播种前应对苗圃地进行精细整理，除净草根和石块，无坷垃，深翻土壤25～30 厘米。同时，每公顷施农家肥 60～75 吨、磷肥750～1 500 千克、复合肥 450～750 千克作基肥。耙耱整平后，做成宽 80 厘米或 1 米左右的畦，长度依地块决定。播种前几天浇透底水，待墒播种。

二、砧木种子的选择与处理

在我国柿产区应用的砧木主要为君迁子、本砧（野柿或栽培柿）、油柿等。野柿砧木与大多数甜柿品种（包括富有系、御所系）亲和性好，但野柿须根少，往往只有主根，移栽成活率很低，缓苗期较长。君迁子根系发达，容易分生，细根多，移栽后容易成活，缓苗也快，比柿砧耐寒，播种后发芽率高，生长快，管理得当 1 年便可达到嫁接的粗度，所以在北方多被利用。应该注意，君迁子与涩柿品种嫁接亲和性均好，在与甜柿品种嫁接时，次郎系品种、西村早生以及我国的罗田甜柿等嫁接亲和力均强，但与大部分富有系品种嫁接时亲和性较差，在接后数年内能正常生长，若管理不当，以后逐渐衰弱或枯死。

生产上不论选择君迁子或野生山柿作砧木种子，都应选用完全成熟果实的种子，因其发芽能力强，出芽率高。

秋季（10 月中下旬至 11 月上旬）采集充分成熟、果皮发暗褐或发黄、变软的果实。采收后果实应集中堆放在背阴的地方 3～5 天，软化后搓去种皮和果肉，及时用清水洗掉果肉或种皮，取出干净的种子。若秋季播种，取种后可立即播种，不需催芽；如春季播种，可将种子放在干燥通风处阴干，然后用湿沙层积处理，待春季备用。

春季播种前将湿沙层积的种子用清水浸泡 1～2 天（若种子未进行层积，可在播前用 40℃～50℃温水浸种 1～2 天，然后进行短期沙藏，湿沙用量约 5 倍于种子），种子吸水膨胀后，置通风处稍加风干，然后播种。或置于 20℃～25℃条件下（温室或塑料大棚）进行短期催芽，注意喷水增湿，待有 1/3 种壳裂口露出白芽即可播种。

没有经过沙藏处理的种子，在 3 月下旬，用 2 份开水对 1 份温水（30℃～40℃）浸泡 2～3 天，每天换水 1 次，待种子吸水膨胀后，用指甲能划破种皮时即可播种。但未经沙藏处理的种子发芽率较沙藏的要低，应适当增加播种量，或用 500 毫克/千克赤霉素溶液浸泡种子 24 小时，再进行播种，以提高出苗率和壮苗率。

三、砧木苗的培育与管理

秋播在土壤结冻前进行，春播于3月下旬至4月中旬进行。播种时按行距30～50厘米条播，或采用宽窄行，窄行20厘米、宽行50厘米、沟深3～5厘米，把种子均匀地放入沟中，覆土厚2～3厘米，及时镇压，使种子与土壤结合紧密。为保障出苗和幼苗的生长，应及时覆盖地膜、麦秸或麦糠保墒增温。播种量为每公顷105～150千克。

幼苗出土后待其长出2～3片真叶时，按株距10厘米左右间苗或补植，定苗后立即浇水，待土壤稍干后中耕锄草。结合浇水或雨前、雨后在行间距苗根10厘米处开沟追肥，每公顷追施硫酸铵225～300千克或尿素90～150千克，促进苗木快速生长。当苗木长至30～40厘米高时应及时摘心促壮，以使幼苗加粗生长，待苗木干径达0.5～1厘米时，即可当年进行芽接或待翌年春季嫁接。为控制少生侧枝，在芽接前20天左右适当抹芽，并摘去顶梢。砧木要求生长健壮，粗细要适中，过粗过细都不利于嫁接成活，以直径0.5～2厘米为宜，这就要求在砧木苗培育上要注意控制肥水、防治病虫害和中耕除草，以培育出理想的砧木苗。

四、砧苗嫁接与嫁接苗的管理

(一)砧苗嫁接

柿树的树液中富含单宁酸,嫁接时伤口处的单宁物质在空气中极易氧化形成黑色的隔离层,造成筛管堵塞,阻碍砧木与接穗之间愈伤组织的形成和营养物质的流通,使嫁接成活率降低。另外,柿树的芽基部隆起,节间弯曲,木质较硬,因而柿树的嫁接较苹果、梨、桃等难度大,所以需要把握嫁接时期和掌握熟练的技巧。

1. 嫁接时期 选择嫁接时期是非常关键的,不同的嫁接时期要求的接穗条件及嫁接方法各不相同,各有其优缺点。春季嫁接,接穗从落叶后至萌芽都可采集,且容易保存和寄运,利用率也高,当年可以出圃。但不成活的苗,补接后当年较难出圃,若补接别的品种容易造成品种混乱。秋季嫁接,接穗采集时间短,不易保存和寄运,最好随采随接,不成活的苗,翌年春季可以补接,补接后可以与上年接的同时出圃。夏季多采用热粘皮法嫁接,所用接芽为结果母枝基部的隐芽,花蕾损失太大,接穗难采,也不易保存,又因天气炎热,切面单宁容易氧化,产生隔离层,较难愈合,要求嫁接的速度要快,技术难度大,成活率低,除个别零星的坐地苗用当地接穗进行嫁接外,一般不宜采用。

各地应依柿树物候期决定嫁接时间,一般春季柿芽萌动（芽尖露白）至发芽（柿芽变绿）是嵌芽接适期，展叶离皮后是皮下接的适期。

各地大量嫁接主要在春季树液流动后，一般日平均温度稳定在10℃～20℃时进行。河南省一般在4月上中旬，此时砧木的芽已经萌动、膨大但未展叶，而接芽尚未萌动最好，切忌在砧木尚未萌动而接穗早已发芽的情况下嫁接。要达到接穗和砧木的最佳结合时机，需通过控制接穗的沙藏温度来实现。若接穗新鲜，芽眼没有萌发，可持续嫁接至4月底。

2. 接穗　春季嫁接用的接穗，采集接穗在母株进入休眠期后或在早春柿树萌芽前的1个月内都可采取，以深休眠期采集接穗贮藏的养分最多、最好。但为了缩短接穗贮存时间，确保接穗新鲜，也可于芽萌动前采集。要注意选择品种纯正、优良，并应从生长健壮无病虫害的中、青年树上采集，最好在已挂果的母树上选择，以提前嫁接苗的挂果期。剪取树冠上部外围有饱满芽的粗壮、充实、成熟的1年生发育枝或结果母枝，为了延长嫁接时间，抑制芽眼萌发，保持接穗新鲜，采后的接穗最好迅速进行蜡封和贮藏，即把采回的接穗以10根或20根捆成一捆，且剪口部位要扎整齐，石蜡隔水加热熔化（80℃～90℃，蜡温过高会烫伤接穗，过低则附着的蜡层太厚而容易脱落）后，将捆扎好的接穗两头剪口迅速放在熔化的石蜡中蘸一下，动作要迅速，两次蘸蜡应覆盖整个接穗，然后在阴凉不积水处挖坑，用纯净的湿沙埋藏贮放。

沙藏时坑的大小视接穗多少而定，坑深50～60厘米，挖好后在底部先铺一层河沙，再将捆扎好的接穗平放在河沙上，依次排列，排满一层盖一层沙，再放一层接穗盖一层沙，如此重复直至放完接穗，接穗放完后上面覆盖10厘米厚的沙层，最上层覆盖好，防雨水渗入，在温度较高、空气不过于干燥的地方，也可露头斜插。沙藏用的沙子要用干净的纯沙，湿度要适当，以手感潮润、握不成团为宜，太干接穗容易失水，太湿接穗容易沤黑而失去生机。

接穗沙藏过程中为避免失水，要注意检查沙的湿度，温度应控制在0℃～5℃为宜，开春后，气温升高，接穗容易萌发，最好将接穗移入冷库（数量少时可放在冰箱中）保存，延缓萌发。发黑、发干的接穗，侧芽的生命力降低或已经死亡。若接穗少时可把蜡封后的接穗直接放在冰箱内保鲜。

接穗如寄运远方，可将封过蜡的接穗捆成小束，标明品种，外用塑料薄膜包裹。若未用蜡封过的接穗，两头填充少量湿锯末、珍珠岩或蘸湿的卫生纸，外面再用塑料薄膜包裹，以防途中干燥，但填充物的湿度不宜过大，而且最好喷药杀菌，以防途中发霉。

从外地引入的接穗，要认真检查有无病虫带入，最好进行消毒、杀虫。嫁接前要对接穗进行检查，接穗抠开表皮后呈绿色，抠下饱满芽后，芽的基部呈绿色，削开木质部有潮湿感，表示接穗正常。如果抠去表皮后，绿皮层变成黑褐色、木质部有黑丝、接芽基部呈黑褐色，表示接穗已失去活力。如果木质部有点干，需将接穗插在水中使其吸水催活。已发芽露白的接穗仍可以用，如果接穗的芽已变成绿色，只要砧木也已发芽而接近展叶的也能接活。如果木质部有黑丝，而表皮下的绿皮层和芽基部仍呈绿色的也可嫁接，但成活率稍低，在接穗不足时，不妨应用。秋季嫁接用的接穗，应采已由绿变褐的壮枝作接穗，剪去叶片，保留叶柄，因不能久贮，最好随接随采。

3. 嫁接方法 柿树嫁接分芽接和枝接两大类。采用哪种方法，一是取决于嫁接时间，二是取决于嫁接人员的技术熟练程度，嫁接人员可用自己最熟悉、最拿手的嫁接方法嫁接，成活率最高，不必强求一致。

(1)嵌芽接 苗圃嫁接最常用的是嵌芽接，也称带木质部单芽接，嫁接时最快、最省接穗，成活率相对较高。具体方法是，最好选取 2 年生枝条基部的潜伏芽使用(芽体肥厚富含营养，易成活)。倒拿接穗削取接芽，在芽体上方约 1 厘米处向下斜切一刀，长约 1.5 厘米。然后在芽体下方 0.5～0.8 厘米处，斜切呈 30°角到第一刀底部，取下带木质的芽体，放入水中；在砧木距地面 5 厘米左右，选择光滑处，用同样的方法制出一个与芽体相吻合的楔面，切口比芽片稍长，然后把芽体嵌入砧木，注意使接穗与砧木的形成层对齐，用备好的塑料薄膜条及时扎封严密，以保证接口处不透气、不渗水为原则，接芽可外露，也可全部包裹在绑缚条内。在嫁接过程中关键要削力大，速度快，包扎紧，芽片尽量大。由于柿枝条中上部节位多有曲折，芽片上护芽肉凹陷，芽片不能贴平，护芽肉不能紧贴形成层，所以常用旺枝下部的隐芽嫁接，但不易大批量生产苗木。

(2)插皮接　如果砧木较粗且已离皮时,用皮下接方法较为理想,又称插皮接。在砧木展叶(离皮)后进行,一般用于直径2厘米以上的砧木或坐地苗,嫁接时在砧木皮部光滑处锯断,在挺直的一侧纵割皮部1～2厘米长,深达木质部,顺势用刀左右拧动,使割口上方的皮略翘起。接穗在芽的另一侧削一斜面,呈马耳形,长2～3厘米,先端从另一侧左右略削小斜面,使先端削成尖形,削面以上剪留1～2个芽,迅速将接穗插入砧木的割口,用塑料薄膜条扎紧。

在较寒冷的地区柿树易出现"破肚"现象,这是柿树发生冻害的表现,培育柿树苗木时,采取高位嫁接和提高砧木高度(高出地面30厘米左右)的措施,对提高苗木和幼树的抗寒能力很有效。

(二)嫁接苗的管理

1. 剪砧　采用芽接、腹接等在嫁接口上保留砧木的嫁接方法时,接芽或枝条成活后需进行剪砧。北京房山区的果树专家张明德先生推荐采用两次剪砧法,第一次在嫁接成活后,嫁接口以上暂时保留15～20厘米的活桩,用以绑撑接穗新梢、增强抗风能力之用。对保留的活桩,采取抹芽、摘心、疏枝等措施控制其旺长,但又不让其干缩枯死,因为死桩木质脆,易折断。待秋季落叶后正式剪砧,要求剪口平整,不劈裂,稍向接芽对面倾斜,不留短桩,以促进愈合。

2. 抹芽放苗　砧木容易萌芽抽枝,接芽成活后,应及时抹除砧木上接芽下方萌发的嫩芽，防止萌芽和接芽争夺养分，减少养分的无谓消耗，促进嫁接苗生长，称为抹芽。一般5～7天抹1次，直至接芽旺长、砧木不再发生萌芽为止。对整形带以下萌发的副梢也应及时抹除，并抹除干净，确保苗木健壮生长。接芽上方的砧芽可暂时保留1～2个，以利于接芽愈合，待接芽萌动时必须掰掉。当接芽长至20厘米左右时，要及时用刀片割掉嫁接包扎物，以利于嫁接苗成长，称为放苗，以免枝条增粗以后接口处受缢形成"马蜂腰"而折断。注意在抹芽和放苗时不要碰伤嫁接苗。有大风的地区，当新梢长至30厘米以上时，需在苗木迎风面设支柱绑缚，因为柿树枝叶粗大，接口处未长牢固，容易被风吹折断或新梢不直立。未成活的应及时补接，补接位置要在原接口下方或反面。补接的品种不同时，应做出标记。

3. 施肥浇水　土壤干燥时，最好在嫁接之前就进行浇水，促使砧木树液流动。嫁接后的肥水管理应先促后控。柿树嫁接后1周内通常不浇水，等10天以后才能浇水。剪砧后要及时施肥浇水1次，施肥应以氮肥为主，适量施磷肥和钾肥。另外，河南省5～6月份气温高，易发生干旱，所以特别注意对苗木及时浇水和适量追施化肥。苗高60厘米时摘心，促进嫁接苗粗壮生长和木质化。在整个生长季节中，要注意清除杂草、浇水，喷叶面肥和植物生长调节剂。到10月上旬苗木达80厘米以上，即可出圃销售或建园。

4. 病虫害防治　柿苗病虫害较少，应以预防为主，加强田间管理，增强苗木生长势、抵抗力，使病虫害少发或不发，而一旦发生，要及时防治。柿苗病害主要有柿角斑病和柿炭疽病，主要危害枝叶，可用波尔多液或5波美度石硫合剂进行喷洒。嫩梢幼叶易被柿鹰梢夜蛾、刺蛾、金龟子、柿血斑小叶蝉和柿毛虫等害虫为害，不能正常生长，可用乐果、高效氯氟氰菊酯等农药喷杀。

5. 防冻害 柿树苗抗寒能力较差，容易发生冻害，要注意采取一定措施加以防护。到秋后要控制其生长或剪去苗顶幼嫩部分，促其木质化，提高抗寒力。春季芽膨大期进行田间浇水，降低地温，延缓发芽，以适应春季突变天气，防止芽被冻死。

五、苗木出圃、检疫和分级

（一）起苗与分级

1. 起苗 已达到出圃规格的柿树苗木，一般在秋末落叶后至春季发芽前出圃，北方多在春季土壤化冻后至萌芽前进行。起苗前应先做好准备工作，按不同品种分别做出标记，剔除杂苗，以防混乱；如土壤过于干燥板结，应在起苗前1周先浇水，使土壤变得松软；起苗时注意不要硬拔苗木，避免过多地损伤根系；不要刮破树皮，尽量保护好根系上的土。

柿树小苗通常是裸根起苗，最忌起苗后至定植期间根系风干。因此，在起苗数量较大时，应先购置足够的塑料农膜，挖好蘸泥浆坑，和好泥浆，以便起苗时及时蘸泥浆，包农膜防止根系干燥。

2. 分级　苗木起出以后，随即进行分级，并按一定数量捆成一捆，挂上标签，以便计量和搬运。不同地方的苗木分级标准不同，以下是北京的标准。

（1）一级苗　苗高 1.5 米以上，1.5 米以上无秋梢，地径 1.2 厘米以上，主根长 20 厘米以上，侧根 5 条以上，嫁接品愈合良好，砧木高度不小于 20 厘米，砧桩已剪除，直立，无冻害、无病虫或机械伤。

（2）二级苗　苗高 1.2～1.5 米，无秋梢，地径 1 厘米以上，主根长度不小于 20 厘米以上，侧根 4 条以上，嫁接品愈合良好，砧木高度不小于 20 厘米，砧桩已剪除，直立，无冻害、无病虫或机械伤。

（3）三级苗　苗高 1～1.2 米，无秋梢，地径 0.8 厘米以上，主根长度不小于 20 厘米，侧根 2 条以上，嫁接品愈合良好，砧木高度不小于 20 厘米，砧桩已剪除，直立，无冻害、无病虫或机械伤。

（4）等外苗　除上述符合分级标准以外的苗木。

（二）苗木检疫

苗木检疫是防止病虫传播的有效措施，特别是控制新发生病虫害的扩散和传播，更要防止本地没有的病虫害种类从苗木带入本地。我国各地已成立了检疫机构。苗木在包装或运输前，应经国家检疫机构或指定的专业人员进产地检疫，符合要求的签发检疫证，然后方能外运。苗圃及有关人员必须遵守检疫条例，严禁引种带有检疫对象的苗木和接穗。如系国外引入的品种，须经隔离栽培，确定无特殊病虫害时，方可扩大栽培。

(三)苗木假植

苗木掘起后若不及时运出或运出后不能及时栽植时，应将苗木假植起来，根据时间的长短，可分为临时假植和长期假植。

在避风背阳、不积水的地方挖沟，沟深浅视苗木大小而定，以能斜埋苗高1/3为宜，一般深约50厘米，长、宽视苗木数量多少而定。假植沟开好后便可假植，短期假植的，将成捆的苗木斜放在沟内，放一排苗木，压一层沙或土，使根全封闭在沙(土)内，根部不能透风；较长时间假植时，须将苗捆解散，逐株埋土为宜。假植用的沙或土不能太湿或太干，太湿时，苗木根部容易沤烂；太干，苗木容易脱水。需适当浇水，使根与潮土接触，若土不太干的可以不浇水。在假植前根部最好喷多菌灵杀菌，以防假植期间根部发霉。在假植期间要勤检查，以防湿度过大使根部霉烂，或过干而致苗木脱水死亡，严寒天气还须采取防冻措施。

(四)苗木的包装与运输

柿根细胞渗透压低，细根干燥后很难栽活。因此，挖出后务须防止根部干燥，特别是在运输之前，必须进行包装。包装的方法是把捆成一捆的苗木，根部蘸上泥浆，沥去余水后用农膜包裹，外面再用编织袋（或麻袋）保护，以绳缚紧，内外都拴上品种的标签。

当大批量运输时，也可整汽车包装。方法是先在车厢内铺宽8米、长为车身3倍的农膜，撒一层湿草，将成捆蘸过泥浆后的柿苗依次排放，直至装满，上面再覆湿草后将四周的农膜包严，盖好帆布，用绳捆紧。

远销外运的苗木，须先进行检疫。严寒季节运输时，应注意防冻。

（五）苗木的鉴别

1. 砧木的鉴别　根据经验，已经嫁接好的柿苗，可以通过比较根系（细根多的是君迁子，细根少的是柿树砧）、根的断面颜色（由淡黄色不久便变为深黄色的是君迁子砧，淡黄色变色不深的是共砧）、根的浸出液颜色（将根切碎后，浸泡水中，浸出液呈黄褐色的为君迁子砧，暗褐色的是共砧）或用试剂测定（在根系浸出液中，滴入氢氧化钾液后，呈红色的是君迁子，暗红色的是本砧；滴入醋酸铜饱和液后，呈淡红色的是君迁子，紫红色的是本砧）等方法鉴别砧木是君迁子砧还是柿树砧。

2. 甜柿苗真伪的冬态鉴别　近几年，全国甜柿生产需求量较大，陕西、山东、山西等省大规模发展，但由于苗木市场的不规范，仿真苗木较多，有些地方出现了以涩充甜、以劣充优的现象，使广大果农遭受损失。注意观察甜柿品种，寻找异同点，从苗茎色彩、皮孔、芽等表现形态上区分，这里将几个品种做一对比识别。

(1)富有　下部叶片勺形,节间弯,皮目大而明显,微红,摸着粗糙,侧视芽呈三角形,鳞片有棱。

(2)次郎　节间微弯,皮目平,手摸有绒布感,侧视芽呈三角形,鳞片无棱,新叶淡黄色,叶缘波状,尖脉深凹。

(3)禅寺丸　节间短,皮目不凸,叶长,落叶前紫红色,叶痕灰白色,芽平。

(4)西村早生　枝灰黄色,分枝多,副芽发达,叶痕凹。

第四章　柿高效配套生产技术

一、规范建园

(一)园地的选择与规划整理

柿树属亚热带果树，不太耐寒，对温度要求严格，在年平均温度为10℃～21.5℃的地方都有栽培，在年平均温度为10℃的地方常有冻害发生，冻害较重的表现为树干一侧皮层冻裂，木质部逐渐腐朽形成“破肚子”。涩柿最适宜的年平均温度为13℃～19℃，最冷月(1月份)平均温度不应低于－10℃。成年柿树对冬季低温的耐受能力不低于－20℃。柿树处于芽膨大至萌动期，遇有倒春寒更易遭受冻害。采收期的早霜则会影响晚熟品种的贮运性。

近几年来，甜柿发展迅速，但在发展之前要注意甜柿栽培的气候要求：适宜的海拔高度为1 200～1 900米，年平均温度14℃～18℃(比同地区的涩柿高出3℃左右)，冬季气温低于－15℃会发生冻害，10℃以上积温5 000℃，果实成熟期气温应不低于18℃。如海拔过高，积温低，果实着色差、味淡，甚至不能完全脱涩；海拔过低，积温高，果实肉质粗糙，软化果多，品质下降。年降雨量 700～1 200 毫米，全年无霜期 260 天以上。

柿树对土壤适应性强，对地势、土质要求不严格，而且耐干旱、耐瘠薄。但进行高效生产最理想的柿园应该交通便利、光照充足、具备良好的通风条件。否则，易出现花芽分化不良，落蕾落花现象严重。就地势而言，选择排灌方便的平地或小于 25°的缓坡山地最为理想。

另外，进行无公害柿生产除了注意园地的生态条件外，还要注意园址远离公路主干道 1 000 米以上，同时保证土壤和灌溉水未受到污染。其中重金属会对柿园土壤、果树产生危害，造成果实污染物超标，导致人体危害。因而无公害柿生产要求土壤中的镉、汞、铅、铬和铜等 6 种重金属污染物含量必须符合《中华人民共和国农业行业标准（ZY/T 391－2000）绿色食品产地环境条件》的规定。

北京市质量技术监督局 2005 年发布的北京市地方标准《柿子无公害生产综合技术》（DB 11/T－2005）规定无公害柿产地的空气环境质量、农田灌溉水质量、土壤环境质量应分别符合下列各表的规定（表 4-1 至表 4-3）。

表 4-1　空气中各项污染物的浓度限值

项　目	浓度限值	
	日平均	1 小时平均
总悬浮颗粒物(TSP)(标准状态)(毫克/米^3)	≤0.30	—
二氧化硫(SO_2)(标准状态)(毫克/米^3)	≤0.15	≤0.50
氮氧化物(NO_x)(标准状态)(毫克/米^3)	≤0.10	≤0.15
氟化物(F)[微克/(分米^2・天)]	≤5.0	—
铅(标准状态)(微克/米^3)	≤1.5	≤1.5

表 4-2　农田灌溉水各项污染物的浓度限值

项　目	指　标
pH 值	5.5～8.5
总汞(毫克/升)	≤0.001
总镉(毫克/升)	≤0.005
总砷(毫克/升)	≤0.05
总铅(毫克/升)	≤0.10
铬(六价)(毫克/升)	≤0.10
氯化物(毫克/升)	≤250
氟化物(毫克/升)	≤3.0
氰化物(毫克/升)	≤0.50
石油类(毫克/升)	≤1.0

表 4-3 土壤各项污染物的浓度限值 (单位:毫克/千克)

项目		指标		
		pH 值<6.5	pH 值 6.5～7.5	pH 值>7.5
总镉	≤	0.30	0.30	0.60
总汞	≤	0.30	0.50	1.0
总砷	≤	40	30	25
总铅	≤	100	150	150
总铬	≤	150	200	250
六六六	≤	0.5	0.5	0.5
滴滴涕	≤	0.5	0.5	0.5

选好园址后,将作业区、道路、防护林、排灌系统等各个方面综合考虑并统筹安排,最大限度地节省土地。一个大型果园,一般果树占地不低于 88%,防护林占地 2%～3%,道路占地 2.5%,排灌系统占地 2%～2.5%,建筑占地 1%～1.5%,其他不超过 2%。

合理规划设计,如防护林与道路并行相依,防护林的林荫地带可作为排灌系统用地及机械调头运作用地,排水沟可兼作防护林的断根沟。小区的形状以长方形为好,长边与短边的比例一般为 2∶1、3∶1 或 5∶1,为使树冠能更均匀地接受阳光照射,应尽可能使小区的长边为南北走向或稍偏斜,小区多以防护林、道路、排灌沟为界。丘陵、山地的小区要注意减少土壤冲刷,小区的形状可以依山就势,形成近似的长方形、平行四边形或梯形,长边要与等高线相平行,大小可依地形复杂程度有所变化,以分水岭、自然沟或道路为界。

道路系统由主路、干路、支路和作业道组成。主路宽6～7米，外与公路相通，贯穿全园，能双向行驶大型运输机械；干路是小区间的分界，宽4～5米，与主路相通，承担园内主要运输任务；支路宽2～3米，用于大型施药机械等通行；在幼树期柿园，行间即为作业道，通常不另占地，但成龄之后若有需要，可根据情况疏伐出作业道。山地果园的上下山主路要盘旋呈“之”字形，坡度5°～10°；为免塌方，支路应设在分水线上（不是集水线），可顺坡修筑。

目前，生产上主要采用沟灌，即修斗渠和毛渠，斗渠沿小区边缘连接毛渠，毛渠连接于树盘，渠道要有1/3 000～1/2 000的比降。若条件允许，可采用管道灌水，一般用直径为10～13厘米的塑料管即可，全部埋入冻土层下，只有出水管露出地面，管与管之间用三通管连接，出水管用截门控制。果园多用明沟排地表径流和防涝，当然要设在果园较低的位置，一样采用1/3 000～1/2 000的比降。

柿幼树生长较旺，尤其是甜柿早果、丰产性强。建园以排水好的黏质壤土或沙质壤土最佳，因其土层深厚而又能保持相当湿度。建园要求土层深厚肥沃、土质疏松、透气良好、有机质含量较高、保水力强、地下水位在1.5米以下的微酸性至中性沙壤土或壤土。土层过薄，则不能保持土壤相当湿度而易干旱，导致落花落果。在条件允许的情况下，可在栽植前将原生杂草铲除，进行土壤深翻，熟化和培肥土壤。修建好道路、排灌系统后，若在坡度5°以下平山，可进行全面机耕整地；若为6°～10°的山地，可按等高线修成2米宽的梯田，或沿等高线按栽植距离开挖深约1米、直径1.5米的圆坑，坑下坡用石头砌成半圆形小堰，两个鱼鳞坑相连，做到能灌能排。

（二）严格苗木选择与处理

定植前检查苗木品种纯度、砧穗亲和性、枝条健壮程度、芽眼饱满度、根系状况、病虫害和机械损伤情况以及是否失水、干硬或由于水分过大而发生霉烂现象。另外，检查苗木是否受冻害，可用小刀自苗木基部向上至50厘米的范围斜削其皮层至木质部，若发现皮层褐变或木质部呈淡黑色，表明苗木已受冻害，或观察到皮层已发生纵裂，表明冻害已很严重。不达规格的苗木或发生失水、冻伤、病虫及机械损伤的受害苗木，都不宜用于建园。

为提高苗木成活率，促进快生根，栽前可把柿苗根系泡水1～2天，充分吸水后取出（有条件的也可用生根粉等植物生长调节剂做蘸根处理），定植前可用20％石灰水泡柿苗10分钟，或用29％石硫合剂液体15～20倍液喷淋苗木，以杀灭炭疽杆菌等病菌，最后用黄泥浆蘸根，进行定植。

（三）精细栽植

1. 选择最佳栽植时间 柿树栽植一般在秋季（落叶后至土壤结冻前）、春季（土壤解冻后至萌发前）均可。但因气候因素，生产上南方温暖湿润地区提倡秋栽，而北方寒冷干旱地区提倡春栽。柿树喜温，为利于幼树伤根愈合，在北方柿树春栽宜晚，秋栽要早。春季树液开始流动，树木恢复生长，根系萌生再生能力旺盛，而树木尚未展叶，蒸腾量小，而且损害的根系容易愈合和再生，若进入展叶期栽植，也会加大苗木自身的水分和养分消耗，不利于成活或影响其正常生长。秋季柿树落叶后，地上部分处于休眠状态，而地下部分尚未完全停止活动，被切断的根系还能够愈合。据河南生产经验，春季以柿树芽体膨大时（清明前后）为最佳栽植期，秋季在 10 月中下旬至 11 月上中旬栽植柿树为宜。栽后及时浇足定根水，覆膜。冬季根部培土或树干涂白防寒。

2. 确定最佳栽植密度　合理密植是增产措施之一，柿早期产量与树冠的占地率呈正相关，盛果期树冠的占地率以达到 85%为最佳。但柿树品种多为乔化树，成龄树体高大，因而栽植密度要根据其砧穗组合、气候、土壤地势、栽植及整枝方式等具体情况而定。近年常用的永久栽植密度为每 667 米^{2}平原地区 33 株以上，瘠薄地或山区 42 株以上。

为提高早期产量，在地势平坦和土壤肥沃地块上建园，可以根据间伐次数选择不同的密植方式和相应的调整方法。间伐 1 次时，栽植前期按 3 米×4 米的距离定植，栽植时即定出永久行和临时行，从整形修剪方式上予以区别对待。8 年以后将临时行间伐掉，使株行距成为 4 米×6 米。间伐 2 次时，按 2～2.5 米×3 米的株行距定植，管理时分为永久株、长期株和临时株区别对待。一般过 8 年后进行第一次间伐，方法是相邻行错开隔一株去一株，使株行距成为 4～5 米×3 米；再过 8 年后，隔一行去一行，即将临时行中的长期株全部间伐，成为 4～5 米×6 米。有授粉树的果园要注意按 8∶1 或 6∶1 比例在永久株内预留好授粉树。

3. 授粉树的选择与配植 柿树单性结实能力强，因此大多数涩柿品种建园时不必配植授粉树，相反配植授粉树会使果实有种子，降低其商品价值。甜柿次郎单性结实能力也很强，没有授粉条件时，其果实大小和品质基本不受影响，且果无核，所以一般不用配植授粉树，但其他一些甜柿主栽品种，单性结实能力通常比较低，没有种子的果实不但容易落果，而且果实小，不整齐，品质较差。尤其是一些不完全甜柿品种，没有授粉树就不能形成完全脱涩要求的种子数量，因此必须配植授粉树。生产上常采用的授粉品种有禅寺丸、正月、赤柿、西村早生等，特别是禅寺丸的雄花量多、花粉量大、花期长，与君迁子的亲和力强，为主要授粉品种，在北方普遍栽培。赤柿开花早，宜作早熟品种如西村早生、骏河等的授粉树。正月开花较迟，是南方种植富有系品种的优良授粉树。此外，也可用雄花量大的涩柿品种作授粉树。授粉树搭配比例一般为 10％。

4. 栽植方法 按定植点挖好 80 厘米×80 厘米的栽植穴（在山地、丘陵地栽种，要求按等高线规划和栽植），注意表土和心土分开堆放，拣出石块及草根，最好是让其风化1～2个月。栽植时，将表土和每穴20～60千克基肥混合后回填，土层极薄的地方要客土回填，表土要尽量填在接近根群处，注意使根系充分舒展，深度以原地颈线为度(过深不易发苗，过浅容易倒伏)，填入表土后应轻轻震动柿苗，使土充分流入根隙中，根群与土壤相密接，覆土时边填边踏实，多余的土在穴边修成土埂，以便浇水，再覆细土。注意栽时保持树体端正，栽后及时浇透定根水。

5. 大树移栽　一些成龄果园因各种原因造成缺株，也可补栽大树。但柿树的大树移栽成活率低，造成树体死亡的主要原因有：违背生长周期，反季节进行移植；枝条修剪过轻，地上部与地下部不平衡；起树土团过小(大龄柿树移植土团的大小一般要求为干径的6～8倍)，根系受损严重；忽视原向定植，生长方向改变；浇水时机不当(移栽后马上或连续灌水)，根系呼吸受抑制。对准备移栽的树，除注意以上问题外，还可采取提前断根(10月中下旬)、保湿遮阴(薄膜包扎或用石蜡封口)、挂瓶输液等处理，以提高移栽成活率。

(四)栽后管理

苗木栽植后，如天气干旱应及时浇水，一般情况下，定植后隔7～10天浇1次水，连续浇2～3次，每次浇水后要及时检查，随时将倒伏的苗木扶正，畦面下沉、出现龟裂的要及时培土修整。然后可在树盘上用1米^{2}的地膜覆盖保湿增温，促进柿苗早生快发。另外，栽植后要及时定干，定干高度在1～1.2米处，剪口涂愈合剂或其他保护剂。

当苗木新梢萌芽时，每株施淡尿水或尿素 20 克，新梢生长至 10 厘米长时加施 1 次尿素、复合肥各 10～20 克，每次施肥后应浇足水。高温干旱季节应对柿苗进行稻草覆盖，改善果园小气候，放梢期间施肥要勤施薄施，同时要结合防治病虫害，保证苗木健壮生长。

二、土肥水管理

(一)土壤管理

土壤管理包括土壤耕翻、树盘覆盖、合理间作和水土保持等。

1. 土壤耕翻 每年果实采收前后，结合基肥施入和冬季清园进行幼树的冠外深翻扩穴及大树的秋耕深刨。每年深耕、挖土的深度，可依季节及土质情况而定，一般深度为 30～50 厘米，掌握“冬季宜深，夏季宜浅；平地宜深，坡地宜浅”的原则，适当调节。深耕时，每次可挖树的一边或两边，分年调换进行。在生长季节(6～8 月份)，结合施肥、追肥，每年中耕除草松土 2～3 次，深 18～25 厘米，以提高土壤通气和保水能力。花期若雨水多要注意排水，以免引起落花落果。

2. 树盘覆盖 树盘可用地膜、杂草、秸秆等覆盖，覆盖面积以超过树冠投影面积为宜。其中树盘覆草是柿树优质高产的重要措施，可以调节地温，保持地温稳定；蓄水保墒，减少土壤水分蒸发和径流，保持土壤湿度的相对稳定；稻草分解腐烂增加了果园有机肥投入，提高土壤肥力。每年3月份在树冠范围内覆草，覆草厚度一般为15～20厘米，距树干30厘米方圆内不覆草，每667米^{2}用量1 000～1 500千克。覆草前适量追施氮肥和钾肥，施肥后接着浇水。幼树可全树盘覆草，成年果树可全园覆草，一年四季均可对果树进行覆草，但以草源丰富的夏秋季节最好。覆草前根据果园土壤状况而定，若严重板结应刨树盘，深度为20厘米左右，然后覆草。土壤瘠薄的果园，要施足基肥或压绿肥后浇水再覆草。覆草后草上要撒少量土，以防大风把草吹走。另外，还需要注意覆盖为病菌提供了栖息场所，会引起病虫数量增加，在覆盖前要用杀虫剂、杀菌剂喷洒地面和覆盖物。平时要密切注意病虫害发生情况，及时用药喷杀。此外，每3年应将覆盖物清理深埋，以杀灭虫卵和病菌，然后重新进行覆盖。许多病虫可在树下越冬，为避免覆草后加重病虫害的发生，春季要对果树苗木的树盘集中喷药防治。覆草后水分不易蒸发，雨季土壤表层湿度大，容易引起涝害，必须注意及时排水。排水不良的地块不宜覆草，以免加重涝害。

3. 合理间作　在幼龄柿园，树体空隙大，为充分利用地力和光能，可以间作生长期短、浅根性、耐阴的矮秆作物，如豆类、薯类、药材、绿肥等。幼树期间，一般保持1～2米的畦宽空间，保证树体生长，随树冠扩大，应随之加大畦宽。在畦外的行间种植间作物，间作物高度以不影响第一层主枝开张、伸展为原则。豆科作物植株矮小且有根瘤菌固氮作用，如花生、大豆、红小豆、绿豆等，很适合间作，土壤有机质含量低的柿园，可选择适宜的绿肥作肥。但高秆作物（如玉米、向日葵等）和秋菜作物（如白菜、萝卜等）因影响柿园通风透光、与柿树争夺水分或与柿树有共同的病虫害，不宜作为柿园间作物。另外，甘薯也属于需钾较多的作物，在柿树成龄后通常也不宜作为间作物。

4. 水土保持 柿树须根少、侧根多，为深根性树种，对瘠薄山地柿园，必须做好水土保持工作，可沿树盘修台田、梯田等。

(二)合理施肥

1. 柿树吸肥特点 柿树根系渗透压比较低，施肥浓度不宜过高，宜少量多次；柿树根系活动晚，第一次高峰在新梢停长后至花前，因此第一次追肥宜晚，而根系停止生长早，所以基肥要早施；柿树具有高氮、低磷、高钾、对氮肥敏感的矿质营养特点（如磨盘柿中，氮：磷：钾＝10：1.3～2.1：10～15），7月份以后，尤其是果实接近成熟时对钾肥利用高于氮、磷肥，后期应多施钾肥；柿树对肥效迟钝，特别是对磷肥不敏感，过多使用会抑制生长，宜配合基肥使用；铁主要存在于根系中，是叶片含量的4倍多（其他果树则主要存在于叶片中），结合叶面喷肥，有利于急需营养的满足。

2. 重施基肥 重施基肥的柿园，树势强健，抗病虫能力增强。基肥要早施、施足。一般于每年秋季采果前后

(9月中下旬至10月上旬)结合果园翻耕施入最好。以堆肥、麸肥、绿肥等有机肥为主加少量磷肥或三元复合肥，施肥量占全年施肥量的一半以上，一般5年生以下的幼树每株施30～50千克，10年生以上的成年树每株施100～200千克。于树冠下开沟施入，浇水后盖土整平。

生产无公害柿果必须严格按照《中华人民共和国农业行业标准(NY/T 394－2000)绿色果品肥料使用准则》执行，不得使用禁止和限制使用的肥料。生产绿色果品允许使用的有机肥料有两大类：第一大类是经过腐熟的农家肥，如粪尿肥、堆沤肥、绿肥、饼肥；第二大类是经国家农业部认证的商品有机肥，主要包括微生物肥料、腐殖酸类肥料和生长营养液。

有机肥的选择和应用应与柿树的营养成分比例相吻合。绿肥中氮与钾的含量比例均较人畜粪肥高，而磷的含量比例却很低。实践证明，选择绿肥作柿树的有机肥，进行有机栽培，较其他有机肥更有利于柿园的土壤改良、树势增强和产量、质量提高；其中鲜野草、荆条、大豆秧等氮、磷、钾三要素的含量和比例与柿树的三要素营养特点非常吻合，是理想的柿树专用有机肥。在北京房山地区，20世纪80年代利用当地丰富的野草、荆条资源实施的绿肥工程项目在柿树上取得了突出的增产效果。用厩肥作柿树的有机肥，可以有效地提高土壤有机质含量，改善土壤的水、肥、气、热状况，但与柿的三要素需求情况相比，厩肥中磷的含量高，而氮、钾的含量低，因此厩肥作柿树有机肥时，除要求充分腐熟外，还要注意调整三大要素的比例关系，通过向其中加入适量尿素（有效成分含量46%）、氯化钾（有效成分含量60%）来实现，用量分别为厩肥量的1.5%和1%～1.5%。经过如此调整混合的厩肥主要作基肥，也可用作追肥。

3. 合理追肥 追肥以速效氮肥、磷肥、钾肥、腐熟的人粪尿等为主，注意无公害生产禁用硝态氮肥。柿树生长季需肥期与新梢生长、开花、结果等器官发育同步进行。生产上有催花肥、稳花稳果肥、壮果肥几个施肥关键期。可分多个时期施入。

(1)花前追肥 在枝叶停止生长、新梢封顶后至花期前追施为好。以速效氮肥为主，一般在4月下旬至5月上旬，此期追肥过早过多，易造成落花落果。株施尿素成年树不超过0.75千克，幼树不超过0.25千克。

(2)壮果肥 在柿生理落果刚结束，柿果膨大和花芽分化期进行。可促进果实肥大及翌年花芽分化，但注意氮肥不可过量。一般在6月下旬至7月中旬，以氮肥为主，磷、钾肥适量。成年树可株施3千克柿专用肥或配合绿肥等施用。

(3)果实生长后期 为增加树体的营养积累，可在8月中旬以后视挂果情况及树势追施1次，过早会刺激秋梢发生。一般以钾肥为主。

其中花前肥和壮果肥是最重要的2个时期，它决定了柿果的当年生长量和翌年的产量形成。应在树冠外围滴水线处挖环状、放射状或条状沟，将肥施入沟内，施完肥后及时盖土和浇水。注意初挂果树适当增加肥料用量，但在生长旺盛季节要严格控制氮肥用量，防止枝梢生长过旺，影响通风透光，感染炭疽病等病害。

4. 根外追肥　根外追肥的时间、次数、浓度等依生育周期及树势而定。一般于 5 月下旬或 6 月上旬落果盛期前开始至 8 月中旬果实迅速膨大期，每隔 15 天叶面喷 1 次，可减少落果，并能显著增加产量。开花前喷 0.3%～0.5%尿素溶液 1～2 次；花期混合喷施 0.3%～0.5%尿素溶液和 0.1%～0.5%硼酸溶液；花后果实生长期混合喷施 1～2 次速效氮和 0.2%～0.3%磷、钾肥（磷酸二氢钾、硫酸钾、氯化钾、磷酸铵等），或其他微量元素肥料（硫酸镁、硫酸锌等）。

根外追肥喷施后 15 分钟至 2 小时，叶片即可吸收有效元素成分。幼叶较老叶吸收速度快、效率高，叶背较叶面气孔多，吸收快，10～15 天叶片对肥料反应最明显，以后会逐渐降低，至 20～30 天作用消失。根外追肥的最适温度为 18℃～25℃，喷布时间最好在上午 10 时以前和下午 4 时以后，或选择阴天、阳光较弱的无风天喷施。

（三）适时灌水与排水

柿树喜湿润，在几个重要的物候期，如萌芽期、幼果发育期、果实速长期，应使土壤湿度保持田间最大持水量的 60%～80%为宜。各地应根据当地的降水规律及具体情况进行调整，北方通常是春旱而雨季集中于夏末。干旱时适时、及时浇水，处理春旱缺水是关键，浇水的标准是浇透水，以浸湿土层 80～100 厘米深为宜。

有条件的地方，对初挂果树和盛果期柿园全年浇好4次水，第一次在柿树萌芽前(3月中旬)，适量浇水可促进枝叶生长及花器发育；第二次在枝梢停止生长后或开花前(5月上旬)，浇水有利于坐果，防止落花落果；第三次在果实膨大期(6月下旬至8月份)；第四次在土壤封冻前(11月份)。重点关注花期和幼果落果敏感期这2个时期的干旱情况，适时灌溉。新栽植的1～3年生幼树，因根系生长慢、分布浅、不耐旱，应适当增加浇水次数。无灌溉条件的地方整修树盘保墒，并要充分利用雨季降水进行蓄水、贮水、节水栽培，每次施肥后适量浇水有利于肥效的发挥。

柿园积水易造成烂根、落花、落果，因此在连续阴雨天气和花果期，要注意及时排除积水。

三、整形修剪

整形是根据树体生长特性、当地环境条件和栽培技术，科学地培养理想的高产树形。修剪是在整形的基础上，人为地处理不必要的枝条，一般以冬季11～12月份采果后休眠期修剪为主，并在生长季适当结合抹芽、摘心、疏枝等辅助技术对树体实施调节管理。

(一)与整形修剪相关的柿树生长特性

幼龄柿树骨干枝生长旺盛，新梢的生长长度和粗度都比较大，年生长期内有2～3次生长，常发生二次梢，停止生长晚；顶端优势明显，分枝能力强，分枝角度小，树势强健；树冠直立，层性明显，有较强的中心干，从苗木定植至开始结果一般需3～4年。

开始结果后，骨干枝逐渐形成，树冠迅速扩大，枝条的开张角度逐渐加大，营养生长有所减缓，生殖生长增强，但仍保持较旺盛的生长势；10年生以后，树冠基本形成，树冠逐渐开张，结果量逐年增加。

15年生后，随着树龄的增长和结果数量的增加，枝叶生长量逐渐减少，骨干枝的离心生长减缓，大枝出现弯曲，树冠下部枝条和大枝先端下垂，骨干枝的延长枝和其他新梢，在外部形态上，已经没有多大差别，产量达到最高峰，管理不当容易出现结果部位外移和大小年现象。

以后骨干枝基部的细枝开始枯萎死亡，内膛逐渐空虚，结果部位外移，结果枝生长量减小、短而较弱，出现交替结果现象；在大枝逐渐下垂的同时，内膛发生更新枝，新枝可代替老枝，向前延伸生长，如此循环几代以后，柿树便逐渐进入衰老期。

柿树的更新强度比其他果树大，更新次数多；由于柿树末级枝寿命短，结果后又易衰老，潜伏芽寿命长，极易萌发更新枝。因此，柿树修剪时，应注意更新，保持健壮树势，延长结果年限。

(二)柿树树形

目前，生产上采用的柿树树形主要有主干疏层形和自然圆头形，近年一些地方采用三枝一心形，高密度柿园也有采用纺锤形的。

1. 主干疏层形　有明显的中央领导干，主枝在中心干上成层分布，全树共有6个主枝，第一层3个主枝，第二层2个主枝，第三层1个主枝，上、下层主枝错开，层间距60～70厘米，干高1米左右。各主枝分布2～3个侧枝，侧枝上着生结果枝组，树冠呈圆锥形或半圆形。该树形有利于通风透光，树势较稳定。缺点是树形培养较慢，前期产量偏低。

2. 变则主干形　主干高80厘米左右，树高3米左右，第一层具3个主枝和其上着生6个侧枝；第二层有2个主枝，无侧分枝，主枝上直接着生枝组。通常是由小冠分层形或主干疏层形落头改造后形成的永久性树冠。

3. 三枝一心形　有中心干，在中心干上错落着生3个主枝，每个主枝分布2～3个侧枝，侧枝上着生结果枝组。中心干上部不留主枝，直接着生6～8个结果枝组。该树形内膛通风透光良好，结果母枝分布均匀，树势均衡，枝条强壮，挂果稳定。

4. 自然开心形　主枝数一般为3个，各主枝夹角为120°，每个主枝有2个侧枝，侧枝上着生枝组，干高30～60厘米。或是由其他有中心干的树形在盛果后期经过多次落头改造后形成。

5. 纺锤形　在中心干上均匀错落着生6～8个大中型结果枝组，结果枝组下部稍大、上部较小。该树形树体成形快，丰产早，但通风透光条件差，管理不善易造成枝条紊乱。纺锤形由于密度大，枝条重叠多，修剪过程中需要的技术含量高，在柿炭疽病发生普遍的地区不提倡使用。

生产中柿树整形时应根据品种的干性和顶端优势的强弱确定合适的树形。对于干性较强、顶端优势明显、分枝较少、树姿较为直立的品种，如磨盘柿、牛心柿、火柿和莲花柿等，整形时应注意开张骨干枝的角度，防止出现上强下弱的不良现象。此类品种以采用主干疏层形为宜。而另外一些品种如水柿、铜盘柿和富有柿等，因其干性较弱、顶端优势不很明显、分枝较多、树姿较为开张，则以采用自然圆头形或自然开心形为宜。另外，也要注意根据栽培模式和管理水平进行选择。

无论哪种树形，一经确定将会决定一生的基本树形，但树体结构可以随着树龄的增长和生长变化进行适当的调整。如在幼树期至初果期可采用多主枝、光照条件好的小冠分层形结构(6 个主枝，树高 3.5～4 米)，利于迅速增加枝量；到盛果初期时可调整为少主枝的变则主干形结构(5 个主枝，树高 3 米)；盛果后期再调整为开心形结构(3 个主枝，树高 2～2.5 米)，利于树体矮化和内膛结果利用。但注意要根据枝组空间状况逐步调整，不宜一次修剪量过大，如把小冠分层形直接改造成三主枝开心形，就会打破树体营养生长和生殖生长的平衡关系，不能获得稳定的产量，并造成三主枝的直立旺长。

(三)修剪方法

修剪时要根据不同生长时期特点采用适当的修剪方

法。幼树以短截为主培养骨架，加速整形，兼顾早结果和早丰产，轻剪多留枝。初果期注意控制上强下弱现象，平衡树势。盛果期重在增强树势，调节好营养生长与生殖生长的平衡关系，并调整骨干枝结构，保证树冠内膛通风透光，延长盛果期年限，以疏除为主，短截为辅。老龄树要回缩重剪，充分利用徒长枝，达到更新复壮的目的。

1. 幼树修剪 幼树结合整形进行修剪，宜轻剪，主要培养树形。

苗木定植后，一般在苗木距地面 1～1.2 米处剪截定干。剪口下 30～40 厘米的整形带要有 5～6 个饱满芽。定干的剪口应略呈马蹄形的斜面，并与剪口芽有 1～1.5 厘米的距离，不宜太近，否则会抑制剪口枝的生长。

发枝后按照树形结构特点，选留部位合适的枝条分别作中心干、主枝和侧枝，对其延长头进行短截，延长枝以下的数个竞争枝应适当疏除或拿枝改向，在各层之间和主、侧枝上留辅养枝和结果枝组，注意利用角度与剪留长度平衡树势，保持主枝与中心干、侧枝与主枝、枝组与侧枝的各级从属和平衡关系。柿幼树树冠容易出现上强下弱现象，注意在整形确定中心干延长枝时，应与其下部主枝的生长势相比较，不能过强，可利用第二芽枝或第三芽枝使中心干呈弯曲上升或适当抬高下层骨干枝的开张角度。柿树主枝开张角度以 40°～45°为宜(开张角度不宜一次过大过急，柿树的枝条分杈处一般夹角较小，易劈裂，可选择枝条较柔软的萌芽期至新梢开始生长期开角较为安全)。选留的同层主枝方位要适宜、生长势较均衡、保持一定的层内距，上层与下层主枝不能重叠，要插空选留，一层侧枝应距主干有 50～60 厘米的距离。中心干、主枝、侧枝当年发生的剪留长度依次为 40～50 厘米、30～40 厘米和 30 厘米。经过这样 5～6 年选留和培养可基本成形。

在幼树整形过程中，应坚持轻剪多留枝的原则。除培养主枝、侧枝和大中型枝组外，对其他生长充实、位置适宜的枝条可通过夏季管理加以合理利用。柿树幼龄期间除了春梢以外，在夏秋季会再发一次新梢，夏秋梢无法变为结果母枝，宜酌量剪除；夏剪时除去过多嫩枝，徒长枝留基部 20 厘米摘心，促其分枝，强枝摘心后发出的二次枝，当年可形成花芽，翌年结果，这是实现柿树早结果、早丰产的重要保证。夏季多采取抹芽、疏嫩枝、摘心、扭枝、剪夏秋梢等修剪手法，春季萌芽期抹除过密芽、方位不当芽，对生长直立或分生角度不当的主、侧枝进行撑、拉、吊、绑等处理。

2. 盛果期修剪　柿树成形后，树姿开张，进入盛果期，大枝弯曲，邻枝、邻树易交叉，结果部外移。此期，因树修剪，随枝作形，以疏为主，短截为辅或多疏剪，少短截。

盛果初期柿树上长度为 15～30 厘米的健壮发育枝当年容易发育成良好的结果母枝，对这样的枝条除非过密没有空间需要疏除外，其余的应保留，冬剪时也基本上不短截；长度为 30～40 厘米的强壮发育枝，有的也可以采用上述方法选留，生长在空间较大处的强发育枝可自基部以上 2/3 处短截，促发分枝，培养成大中型结果枝组。个别有雄花的品种，应疏剪一些强壮的徒长枝及弱小的枝条，因其所开的花以雄花为多。一些柿树品种，结过果的果枝一般当年不会形成结果母枝，这种枝的结果部位以下没有侧芽，可以不剪截，利用果前梢顶芽的侧芽萌生新枝，或从基部剪截，剪口下留 2 厘米左右的短桩，激发副芽萌生强枝。也有的品种的结果枝有连续形成结果母枝的能力，衰弱之前可以连续利用多年。

盛果期柿树的发育枝形成结果母枝的能力更强，几乎所有的发育枝都可在翌年抽生结果枝。因此，控制结果母枝的数量是重点。除对有生长空间、长度为 15～30 厘米、生长充实健壮的发育枝不剪截，留下结果外，对过密或过弱的发育枝可以疏除，对部分发育枝进行短截留作预备枝。要在主枝、副主枝上培养健壮结果母枝，控制高度，改造树形，加强通风透光，减少枝条枯死。柿树强枝结果率高，多留强枝，疏除细弱枝、病虫枝、交叉枝和竞争枝，使树冠通风透光。在休眠期应自基部剪除密生枝、徒长枝、枯枝、病枝与向内生长的枝条。

柿树一般经过冬季修剪后，隐芽会大量萌发，为减少营养消耗，应将无用萌芽在木质化前抹除。有生长空间的长枝，特别是徒长枝，在 40 厘米长时摘心或在冬季短截，促发分枝，也可拉平长放，培养不同类型的结果枝组，在缺枝严重的部位，也可以将徒长枝培养成骨干枝或大型永久辅养枝。

盛果期柿的新梢生长力较弱，夏季通常不宜修剪，因夏剪剪去的部分枝叶对柿树的生长发育影响较大。因此,夏剪应尽量从轻,主要是对正在生长发育的当年生枝和芽进行处理,很少在2年生以上的枝上进行。但夏季剪除无用枝,可促进果实发育与翌年结果母枝的生成。除此之外,结果枝如为病虫害、落果或过分密生之枝条也需在夏季修剪时除去。在生长期还可通过扭枝、拉枝、环剥培养粗而短的结果母枝。中晚熟品种除适期采收外,春季抽梢后疏梢1/3也能促进花芽分化,有利于实现持续丰产。

(四)计划密植柿园的整形修剪原则

计划密植柿园应对不同的群体或单株从整形修剪方式上予以区别对待:永久行以打好基础、培养出理想的高产树形为主;临时行则实行轻剪,前期促、后期控,以早成花、早结果为主要目的。到第五至第七年,当相临两行树冠要接触时,通过回缩等修剪方法控制临时行的树冠,为永久行让出枝条延伸的空间。8年以后,当修剪难以控制时,将临时行间伐掉,使株行距成为4米×6米。

(五)放任柿树的修剪

北方各地栽培的柿树,多在梯田边缘,管理较为粗放,也较少修剪。在放任生长的情况下,这种柿树树体高大,树冠呈多种自然开心状,冠形紊乱;主干容易数枝并长;大枝后部严重光秃、空膛,角度大,下垂严重;结果枝细弱,数量极少,而且多在外围,呈伞状结果;枯死枝多,

“筷子码”少。通风透光不好，树体长势较差，柿果产量较低，大小年现象比较严重，质量也差。大枝在损伤或受到刺激后隐芽易萌生新枝或徒长枝，容易出现自然更新现象。

放任生长树修剪应视树体具体情况而定，主要调整骨干枝结构，改善内膛光照条件，增加内膛枝量，解决内膛和大骨干枝的光秃问题。以疏、缩为主，因树改造，随枝作形，保持大枝少而不空，小枝多而不挤，合理利用空间。

树体过于高大时要落头到分枝处，尽量选择角度大、枝叶多的分枝当头枝。对于与主干齐头并进向上长的大枝，过于光秃应分年回缩，努力将其改造成大分枝或枝组。大枝过多而密挤时，应分次将交叉枝、重叠枝、病虫枝、下垂衰弱枝合理去除，有空间时可留桩，培养结果枝组，尽量减少中心干大伤口，留下的大枝要合理布置空间，促生后部枝条。全树可留主枝 6～8 个。对疏除大枝后形成的大剪口、大锯口需用农膜包扎或涂愈合剂加以保护。

因放任树的结果部位主要集中在树冠外围，首次这种树的裙枝进行修剪时，最好在大年进行，应采取“疏缩结合，以疏为主，集中复壮”的修剪手法，这样既有利于恢复树势，又能保证产量。先端下垂衰弱的大枝，适当回缩到弯曲部位，利用新枝抬高角度，代替原头向前伸长，但不可回缩过重。对结果枝组要缩前促后，截壮疏弱，多留预备枝；太长且衰弱的枝要较重回缩，以减少养分浪费，维持枝组健壮生长。对萌生的徒长枝应及时处理，过长的要在夏季适时摘心促发分枝，或在冬季短截培养结果枝组。枝条不可以在1年中疏除过多，最好逐年回缩。疏除的枝条一定是那些生长势弱、枝叶量小、没什么利用价值和过密的枝条。多选留萌芽早、生长势中庸的“筷子码”作结果母枝。

柿树的隐芽多，还有副芽，大枝的分枝处、疏剪后的残桩基部、弯曲大枝的背上以及骨干枝的延长枝背上等部位在春季很容易出现萌芽，尤其对于放任多年从未修剪的柿树，首次修剪必然会刺激发生大量的萌蘖，要注意将生长势、方位和角度适宜的枝芽保留，其余的及时抹除。抹芽、除梢不可能一次完成，为保证保留新梢的健壮生长，应在生长季节注意随时抹除不需要的萌芽、嫩梢。

经过连续2～3年的修剪和肥水、病虫综合管理后，树体内膛结果母枝的数量会逐渐增加，当内膛结果母枝优于外置结果母枝时，再大幅度回缩外围多年生大枝，加快树势的恢复，提高全树的结果能力。

另外，强化综合技术管理，提高老柿树的生产能力要比新植幼树的效益快得多、大得多，成本低得多。北京房山区将休眠期磨盘柿老柿树的主干距地面1.4米左右处截断，春季在锯口以下(距地面约80厘米以下)的主干周围出现大量萌蘖，并可抽生数个强壮的发育枝，表现出发枝率高、生长势强、生长量大、叶片大、树冠扩大迅速、离心生长旺盛等类似幼龄树的生长特性，成功实现老柿树的树体改造，但要注意新萌生的强发育枝表现为徒长、节间长，停止生长晚、生长不充实，易受低温和病虫危害。对于少数没有产量、过弱、一层分枝过高的柿树可以考虑这种方法，但有条件的最好还是利用原有的骨架进行改造。

四、花果管理

不同柿品种持续结果能力不一样，早熟、叶片光合作用强的品种容易获得持续丰产，中晚熟、光合作用弱的品种容易隔年结果。甜柿是隔年结果性较强的果树，单性结实力较强的品种（如次郎系）、成熟较晚的品种（如次郎系、御所系、富有系）表现更为突出，而成熟较早的品种（如西村早生）、生长势较强的品种（如加州圆柿、西村早生、弹寺丸等大多数不完全甜柿）无明显大小年结果现象。

总体来讲，柿果实发育期长，需要消费大量养分，其花芽分化期又与果实发育期重叠，因此丰产年往往花芽分化不良，翌年易大量落花落果，难以持续丰产。

（一）落花落果的原因

柿树的落花落果一种是由病虫害（炭疽病、柿绵蚧、柿蒂虫等）、雹灾、风害等外界因素引起。如柿蒂虫一般在麦收前后蛀果为害，第一代被害果不易脱落，会一直挂在树上，幼虫在其中化蛹并继续进行第二代为害。第二代受害的柿果实，颜色由黄绿色变成橘红色，由硬变软时容易脱落。炭疽病危害的果实在生长后期发生，一般在9月份大量发病，引起落果。柿圆斑病、角斑病会破坏叶片功能，引起生理失调，从而造成后期大量落果。

另一种是由树体内部营养失调引起，称生理落果。柿树的生理落果一般有3个较为集中的时期：一是早春花芽败育导致落蕾，二是谢花后3～5天开始的小果脱落，三是盛花期后25～30天的落果。导致柿树生理落果的主要原因有以下几方面。

1. 与品种、树龄、树势有关　品种之间生理落果的差异度很大。据报道，火晶、磨盘柿落果率在10%～30%，富有、绵柿的落果率为50%左右，小火柿的落果率甚至超过90%；树龄大的落果重，一株树上内膛枝落果多于外围枝，细弱枝多于强壮枝。结果枝或结果母枝位于顶部，生长势强壮，则落果少，相反结果枝位于下部或枝条细弱，则落果重。在同一个结果枝上，中部所结的果实落果最轻，顶部次之，基部最重。这与枝条的花芽分化程度有关，中部的花芽分化较早，分化速度较快，所结果实落果就轻。

2. 果与枝的营养不均衡　光照不良、施肥不合理（氮肥过多，磷、钾肥不足）、前期水分过多或过少或土壤含水量变幅过于剧烈、旺树重剪、秋梢坐果都会导致养分的争夺，影响果实发育。生产上，初果期幼旺树常因肥水过大，或修剪量过大、过重，或二者均有，树体长期旺长引起落花落果。

3. 授粉不良　单性结实能力强的品种，自身含有较多的花粉激素，不存在授粉问题，而有些品种，特别是甜柿品种，需要经过授粉才能正常结果，授粉不良就会发生雌花脱落或脱果现象。如前川次郎、阳丰等品种可适当少配植一些授粉树，配植比例为(15～20)∶1；有些品种必须进行异花授粉果实才能发育，如富有、上西早生等，应适当多配植授粉树，比例一般为(8～10)∶1。

(二)保花保果技术

大量落蕾的主要原因是很多花芽在春季花芽继续分化过程中发生中途败育，对于这种情况，要注意几点：一是小年树当年务必在3月中旬以前完成冬剪，二是尽量疏除纤细枝、徒长枝和无效枝，保留强壮结果母枝，集中营养。落花落果最根本的防治措施是做好周年综合管理，培养柿树具备强健的营养体，提高对不良外界环境的抵御和缓解能力，持续不断地为果实的生长发育提供足够的营养。另外，一些针对性的防控措施也非常有效。

1. 花期环剥(环割、环切) 花期是树体营养消耗最多的时期，为使营养物质充分供应于新器官的建造，使光合产物短期内暂时节流，优先满足开花坐果的需要，减少落果，可于花期在主干或主枝上进行环剥。环剥通常在初花期进行，花谢2/3时结束。环剥口宽度为枝条直径的1/10，多为0.3～0.5厘米，太宽不易愈合，过窄不起作用，也可进行错口半圆形环剥或螺旋形环剥，防止剥口过深导致死树现象。环剥后迅速用塑料布条包扎剥口，以保持剥口湿度，促进愈合，一般20～30天即可愈合。或对树皮韧皮部进行环割或半环割，深达木质部，连割2次，间隔3～5天。环剥或环切可明显提高柿树坐果率，达到保花保果目的。

花期环割有利于提高坐果率，并对花芽分化有促进作用，有利于持续丰产，生产上宜作为主要保花保果措施推广应用。但要注意的是，由于柿树树体本身含有单宁，环剥后伤口愈合较慢，一方面不利于树体生长，另一方面容易引起病虫危害。所以，环剥技术只适用于生长旺盛不结果和结果少的幼旺柿树，或是个别壮枝或大型结果枝组。生产中要在保护树体健康生长的前提下，根据不同树龄及其生长情况施行。环剥后的肥水管理要跟上，以免起反作用。

2. 花期喷施叶面肥　在盛花期和幼果期，各喷1次500毫克/千克赤霉素加1%尿素溶液，可改善花和果实的营养状况，防止柿蒂与果柄发生离层，增强花和幼果对养分的吸收功能，刺激子房膨大；花期喷0.2%硼酸溶液可促进花粉管伸长。要自上而下喷，使柿蒂和幼果能充分接触药液，以达到提高坐果率的目的。同时，为了克服柿树大小年结果现象，提高柿果品质，最好在果实迅速膨大期，叶面喷施0.3～0.5%尿素溶液和0.1%钼酸铵等微量元素肥料，可增加树体当年养分积累。但要注意，喷赤霉素保果效应明显，但不利于获得连续丰产，有研究发现，喷施赤霉素后导致翌年树体萌芽明显延迟。

3. 辅助授粉　甜柿的大部分品种都需要配植授粉树，如富有、伊豆、松本早生等。柿是虫媒花，主要靠蜜蜂等昆虫传粉。若授粉树密度低,可以在主栽品种中高接授粉品种,为了提高授粉树的作用,可以在甜柿园花期放蜂。每箱蜂的有效授粉面积可达 4 公顷以上。若花期遇低温、刮风、下雨,蜜蜂活动受影响时,可采用人工辅助授粉。采集花瓣呈黄白色含苞待放的花,剥取花药,将之放于 25℃～30℃的室内,待花药开裂后放出花粉,筛选出花粉,盛于棕色瓶中,贮藏在冰箱冷藏室中备用。在使用时,为节约花粉,可用脱脂奶粉、淀粉或其他果树花粉等作为增量剂,将花粉稀释 5～10 倍,用毛笔或橡皮头点授,若有小型喷粉器,可稀释 30～70 倍喷授。柿花开放有先有后,花期持续 1 周左右,因此人工授粉宜多次进行,通常 3～4 次。这项技术虽然能提高坐果率和当年产量,但对枝梢花芽分化有一定抑制作用,翌年产量略有下降。

(三)疏花疏果技术

合理的负载量,既能提高果实品质,保证连年稳产优质,防止隔年结果现象的发生,又能增强树势,减轻病虫危害。尤其是甜柿成花容易,花量大(但一般坐果率仅 30％左右),若不采取相应的措施,调节好树体营养生长与生殖生长的关系,任其自然调节,可导致严重的落花落果,引起产量大幅度下降,结果过多是甜柿隔年结果的主要原因之一。目前,柿树生产中多不重视疏花疏果,结果造成当年挂果多,但果小,优质率低,翌年挂果少的不良现象。

疏蕾于露蕾时进行，越早越好。柿的结果部位多在结果枝先端，而结果枝中段所结果实较其他任何部位的果实大、早熟、着色好、糖度高，因此疏蕾时，结果枝先端部及晚花全部疏掉，并列的花蕾必须除去1个，只留结果枝中部2～3个花蕾。根据柿树不同品种的树势及挂果量，确定留花量，疏除量应以常年较稳定的花量水平为准。如菏泽镜面柿旺枝可保留2个果，将10厘米下细弱枝结的果全部疏去；富平尖柿，当结果母枝上抽生2～4个结果枝时，保留前2个结果母枝中部的3个花蕾，其他结果枝上的花蕾全部疏除，留作预备枝。若结果母枝抽生5个以上的结果枝时，保留前3个结果枝结果，每个结果母枝上留中部3个花，其余全部疏掉。对于初结果的幼树，将主、侧枝上的所有花蕾全部疏掉，促其生长。

疏果在生理落果结束时(6～7月份)进行。疏果的原则是去病留健、去丑留美、去小留大、去密留疏，总体上把握疏后柿果之间有适宜的空隙，有利于通风透光。把畸形果、病虫果、发育差果、萼片受损果、向上着生易受日灼的果实疏除掉。疏果程度须与枝条发育程度(叶片数)配合，壮结果母枝上留3～4个果，中庸结果母枝留1～2个果，弱结果母枝不留果。有研究提出，次郎甜柿丰产树的适宜叶果比为(25～30)∶1。

高大的盛果期柿树，疏花疏果很难进行，冬剪需对过多的结果母枝进行剪截，保持结果母枝的常年水平，如有研究提出，磨盘柿大树单株结果母枝量应控制在300个，其余的剪截作预备枝。

(四)果实套袋

套袋可使果实光洁均匀,防鸟害、日灼和裂果等,从而提高优质大果率。套袋在疏果后进行,当果实长至拇指大小时可进行套袋,以防止病虫危害。套袋前喷 1 次杀菌药,然后用双层透气纸袋套袋,在果实成熟前 15 天解袋着色。

近年在南方甜柿栽培区污果病对果实外观品质的影响较大。甜柿污果病是指果实在 9～10 月份成熟时,常在果顶或果蒂萼洼附近呈条状、环状或块状裂皮,致使果面形成黑斑或黑条纹的一种生理裂果现象。不同品种表现情况不一样,次郎果顶易开裂,成熟后期雨水多的年份条状裂皮发生较多;加州圆柿、禅寺丸等大多数不完全甜柿果面上条状、环状裂皮极易发生;西村早生在阳面上易产生块状黑斑。产生的原因是由于甜柿果皮薄,土壤前期干旱、后期果实迅速膨大时水分充足而造成的。果实套袋是显著降低污果病发生的有效措施之一。

五、柿病虫害综合防治及无公害生产技术

为规范我国的无公害水果生产,2001 年发布了《农产品质量安全、无公害水果安全要求》(GB 18406.2—2001)和《农产品质量安全、无公害水果产地环境要求》(GB 18407.2—2001)等无公害水果的农业生产行为国家标准,并确定位于辽宁兴城的农业部果品及苗木质量监督

检验测试中心等单位为无公害农产品的定点检测机构。

无公害果品的生产除了优质和营养的要求之外，主要要求果品安全、卫生，侧重解决果品中残留农药和有害、有毒物质问题。无公害病虫防治技术的主要指导思想是坚持以“防重于治，预防为主，积极消灭”为方针，在掌握病虫害发生规律的基础上，本着不用或少用农药的原则，以农业防治为主，配合生物防治（利用寄生性、捕食性天敌昆虫及病原微生物，调节害虫种群密度，将其种群数量控制在为害水平以下）、物理防治（根据害虫生物学特性，采取糖醋液、树干缠草绳和黑光灯等方法诱杀害虫）等综合技术，有效控制病虫危害。

柿树病虫害主要有柿炭疽病、柿黑星病、柿蒂虫、柿绵蚧等。

（一）主要病害及防治方法

1. 柿炭疽病　炭疽病是柿的主要病害，也是常见病害之一，在柿树栽培区均有发生。主要危害枝梢、果实和苗木枝干，造成枝条枯死，大量落果，贮藏期引起柿果腐烂。

（1）*危害症状*　主要危害新梢和果实，有时也侵染叶片。

①新梢：多发生在 5 月中旬和 6 月上旬，最初产生黑色圆形小斑点，后变成暗褐色，病斑扩大呈长椭圆形或菱形短条斑，中部稍凹陷并现褐色纵裂，其上产生黑色小粒点，即病菌分生孢子盘，病斑长 10～20 毫米、宽 7～12 毫

米，天气潮湿时黑色病斑上涌出红色黏状物，即孢子团。病斑下部木质部腐朽，病梢极易折断。枝条上病斑大时，病斑以上部位枝条易枯死。

②果实：多发生在6月下旬至7月中旬，也可延续到采收期。初在果面产生针头大小深褐色至黑色小斑点，后扩大为圆形或椭圆形病斑，稍凹陷，外围呈黄褐色，直径5～25毫米。病斑中央密生灰色至黑色轮纹状排列的小粒点（分生孢子盘），遇雨或高湿时，溢出粉红色黏状物（孢子团）。病斑常深入皮层以下，果内形成黑色硬块，1个病果上一般生1～2个病斑，多者数十个，受害果易软化，常早期脱落。

③叶片：多发生于叶柄和叶脉上，初为黄褐色，后变成黑褐色至黑色，呈长条状或不规则形。叶肉上偶然发生，病斑呈不规则形，黑褐色。

（2）*发病规律*　病菌主要以菌丝体在枝梢病斑中越冬，也可以分生孢子在病干果、叶痕和冬芽等处越冬。翌年初夏产生分生孢子，进行初次侵染。分生孢子借风雨、昆虫传播，侵害新梢、幼果。生长期分生孢子可以多次侵染。病菌可从伤口或表皮直接进入，有伤口时更易侵入危害。从伤口侵入时潜育期为3～6天，直接侵入时潜育期为6～10天。中原地区一般在5月萌生的嫩梢上开始发病，直至秋梢。果实发病一般始于6月下旬，发病重时7月下旬果实开始脱落，直至采收期落果不断，采果后的贮运和销售期间也可继续发病。炭疽病菌喜高温高湿，雨后气温升高，易出现发病盛期。如北方秋季多雨，常发病严重。夏季多雨年份发病重，干旱年份发病轻。病菌发育最适温度为25℃左右，低于9℃或高于35℃，不利于此病发生蔓延。管理粗放、树势衰弱易发病。

(3)防治方法

①物理防治：目前还没有什么药物和措施可以根治炭疽病，唯一能做的就是通过加强管理做好预防，注意通风透光、降湿，不给病菌孢子萌发创造条件。一般较少采用化学药剂消灭或减少病原菌。冬季休眠期清除园内和四周的落叶、杂草，结合冬季修剪，剪除树上的病虫枝、悬吊的果蒂、枯枝，集中焚烧。大的病斑需要刮除其坏死组织，然后涂抹25%丙环唑乳油5～10倍液。开花后剪除有黑色病斑的嫩梢，带出园外烧毁。6月份开始发现病果应随手摘除，削下果上病斑晒干后烧毁。

②药剂防治：病情严重时需喷施杀菌剂或保护剂防治。喷药重点是嫩梢、果面和枝干上的病斑。萌芽前喷施3～5波美度石硫合剂1次，5月底至8月份，每隔20天喷药1次，根据降雨量确定喷药次数。可选用常见杀菌剂有65%代森锌可湿性粉剂500倍液，或50%多菌灵可湿性粉剂800倍液，或70%甲基硫菌灵可湿性粉剂800～1 000倍液，40%硫磺·多菌灵悬浮剂500倍液，50%胂·锌·福美双可湿性粉剂1 000倍液(混加0.3%～0.5%尿素溶液，避免产生药害)。

喷药前最好做一下药剂试验。方法是用药剂涂抹染病的嫩梢病斑，然后将嫩梢放入塑料袋内保湿，2天后观察病斑，如果病斑与抹药前一样，说明此药有效，如果病斑上产生肉色孢子团或长出白色菌丝，说明此药无效。

2. 柿圆斑病

（1）危害症状　主要危害叶片，也能危害柿蒂。病斑发生在叶片上，初期在叶片上产生圆形小斑点，正面呈黄色或浅褐色，无明显边缘，后逐渐扩大为圆形病斑，深褐色，中心色淡，外围有黑色边缘。后期病叶渐变成红色，在病叶变红的过程中，病斑周围出现黄绿色或黄褐色晕环，病斑直径一般为 2～3 毫米，最大达 7 毫米，发病严重时，多个病斑连成一片，病叶在 1 周内脱落，柿果也随之产生黄色病斑，然后变红、变软，并大量脱落。柿蒂上病斑呈圆形，褐色一般较小，出现时间晚于叶片。

（2）发病规律　病菌以菌丝在病叶上越冬，翌年 6 月中旬至 7 月上旬形成病菌孢子，夏天借风雨传播到叶片上，从叶片背面的气孔钻进叶片里，经 2～3 个月的潜伏期，7 月下旬表现症状，8 月底至 9 月初病斑数量渐增，9 月上中旬开始落叶。一般情况下，上年病叶多，发病重；当年 6～8 月份雨水多，发病相应较重；树势弱，病叶变红，脱落快而多，树势强，病叶不易变红脱落。

（3）防治方法

①物理防治：清除病原菌，搞好园内卫生，刮除枝干粗皮，及时彻底清扫落叶，集中烧毁或深埋。及时剪除树体上的病虫枝、柿蒂并烧毁，减少初侵染源，控制该病的发生；加强土壤管理，适时施肥浇水，合理修剪，增强树势，以提高树体自身的抗病能力。

②药剂防治：柿树发芽前，喷布 3～5 波美度石硫合

剂,铲除病原菌。还可在柿树落花后至6月中旬以前,即病菌孢子大量飞散前,喷施1∶5∶(400～600)波尔多液进行防治,一般喷在叶片背面。对树体喷布甲基硫菌灵、代森锌、多菌灵、代森锰锌等进行防治,隔10～15天喷布1次,浓度用量同柿炭疽病防治。

3. 柿角斑病 本病是柿树的重要病害,分布极广,遍布全国各产区,可造成柿树早期落叶、落果,枝条发育不好,冬季易受冻枯死,对树势及产量影响极大。另外,也危害君迁子,尤其对幼树危害严重。

(1)*危害症状* 主要危害叶片,也可危害柿蒂。最初在叶片正面产生黄绿色病斑,斑内叶脉变黑,病斑形状不规则,边缘模糊。随着病斑的不断扩展,颜色不断加深,最后形成中部浅褐色,边缘黑色的多角形病斑。在适宜条件下,病斑表面密生黑色绒球状小粒点(分生孢子团)。病叶背面颜色较浅,开始为浅黄色,后为褐色或黑褐色,黑色边缘不甚明显,小黑点稀疏。柿蒂染病时,其上的病斑多发生在柿蒂的四角上,呈浅褐色至深褐色,有时有黑色边缘,形状不规则,两面均可产生黑色绒球状小粒点,背面较多。病斑由外向内扩展,引起落果,但病蒂大都仍残留在树上。

(2)*发病规律* 病菌主要以菌丝体在柿蒂和落叶病斑中越冬,而结果大树则以挂在树上的病蒂为主要初侵染源。病蒂可在柿树上残存2～3年,病蒂内的菌丝可存活3年以上。柿树落花后1个多月内,即6～7月份,越冬病蒂便可产生大量分生孢子,在适宜的温、湿度条件下,通过风雨传播，从气孔侵入，经过25～28天的潜育期，8月初开始发病，9月份病斑定形，病叶开始脱落。重病树从9月下旬至10月上旬病叶相继脱落，柿果变红、变软脱落。柿角斑病的发生主要决定于初侵染，树上残留的病蒂是主要的初侵染源和发病传播中心，因此树上病蒂多和靠近黑枣树的柿树发病严重。还与叶片老嫩、菌源数量和当年的降雨密切相关。柿角斑病病菌不易侵染幼叶，故枝梢顶部叶片病轻，而下部老叶病重；该病菌分生孢子的传播、萌发和侵入均需高温和降雨，所以5～8月份降雨早、雨量大，发病严重。同时，环境潮湿也有利于该病发生，所以渠边河旁的柿树及树冠下部和内膛叶片发病重，而路边旱地柿树及树冠上部和外围叶片发病轻。当年生病斑上产生的分生孢子可以进行再侵染，但由于该病的潜育期较长，再侵染在病害循环中不重要。

(3)防治方法

①物理防治：此病的发生主要决定于树上病蒂的多少和6～7月份的降雨，所以在加强栽培管理的基础上，应采取以彻底摘除树上病蒂为主的预防措施，适时进行药剂防治为辅的综合防病措施。柿树园内及其附近，避免栽植君迁子，减少病菌传播侵染。

②药剂防治：落花后20～30天内防治效果最好，通常15天左右开始喷药，每隔10～15天喷1次，一般年份喷1～2次，多雨年份喷2～3次。有效药剂有1∶5∶600波尔多液，或65%代森铵可湿性粉剂500倍液，或50%多菌灵可湿性粉剂1 000倍液，或25%百菌清可湿性粉剂

500倍液。

4. 柿黑星病

(1)危害症状　主要危害柿、君迁子等的叶片、新梢和果实。在叶片上，主要在叶片幼嫩时侵入，起初在叶脉上发生针尖大的斑点，以后沿叶脉蔓延，扩大为2～5毫米的圆形、近圆形或不规则形斑点。然后病斑逐渐增大，病斑与健部有黑色界限，大病斑的中部褐色，边缘黑褐色，外围有2～3毫米宽的黄色晕圈，湿度大时病斑背面产生黑色霉状物，即病原菌的分生孢子丛。病斑多时，造成大量落叶。病斑中的叶脉都呈黑色，老病斑的内部常发生在主脉上，使叶片呈皱缩现象，其中部常开裂，病斑组织脱落后形成穿孔。在叶柄上的病斑常呈黑色，圆形、椭圆形或纺锤形的陷斑。新梢被侵染后，起初在枝梢上产生褐色小斑点，后扩大成纺锤形或椭圆形，中心略凹陷，严重时中央开裂呈溃疡状或折断。病斑呈黑色，梭形或椭圆形，凹陷龟裂，溃疡状，溃疡周围组织常有木质化的隆起。果实上的病斑多发生于蒂部，与叶片上的病斑略同，呈黑色，近圆形或不规则形，但稍凹陷，且稍硬化呈疮痂状，也可在病斑处裂开，病果易脱落。

(2)发病规律　病菌主要以菌丝体或分生孢子在病梢、病叶、病蒂(果)上越冬，为主要初侵染源，翌年孢子萌发直接侵入，5月份菌丝体产生分生孢子，借风雨传播，潜育期7～10天，进行多次再侵染，扩大蔓延。自然状态下不修剪的柿树发病重。

(3)防治方法　秋末冬初结合清园剪除病梢，清除树上残留病蒂，减少初侵染源。发芽前喷布 5 波美度石硫合剂，发芽后喷布 0.3～0.5 波美度石硫合剂，或 1∶5∶400 倍量式波尔多液 1～2 次，加强树体防护。发病初期(开花前后)可选用一些药剂喷施防治，如 70%代森锰锌可湿性粉剂 500 倍液，或 50%多菌灵可湿性粉剂 600～800 倍液。

5. 柿疯病

(1)危害症状　该病属柿树系统性病害。病害主要表现为染病柿树春天发芽晚且生长迟缓。一般比健树推迟 10～15 天，发芽展叶不整齐，出现大量徒长枝，徒长枝生长不充实，易受冻害死亡，从而再次刺激翌年大量萌生徒长枝。这种恶性循环会导致树势衰弱，产量锐减，病情严重时整株枯死。病树的叶片大，但薄而脆，叶面凹凸不平，叶脉变黑。病株树冠下部枝条多有发生，表皮粗糙，质脆易断，从断处清楚可见木质部有黑色纵横条纹，韧皮部有棕色条纹。主、侧枝背上枝徒长、直立，或丛生徒长形成鸡爪枝。结果枝花芽极少，且落花落果较重，病果果面凹凸不平，成熟前易变红、变软、早落。

(2)发病规律　该病病原尚不明确，但病原可以通过带病的砧木、接穗或由媒介昆虫进行传播。在河南省林州市，通过生产调查得知，媒介昆虫主要包括斑衣蜡蝉、血斑叶蝉。另外，遭受自然灾害(雹害)、柿角斑病或柿圆斑病造成早期落叶，或结果量过大也是导致树势衰弱，造成发病率高的主要原因。

(3)防治方法　加强肥水管理，深翻土层，增施有机肥料，松土保墒，合理修剪，增强树势，提高抗寒能力。适时喷药防治柿角斑病和柿圆斑病，防止早期落叶。保护树体防止机械损伤和害虫为害造成伤口。严格检疫，严禁从疫区调入苗木或接穗，严禁在病区育苗或病树上采集接穗。做好媒介昆虫的防治，于5月上旬及6月中旬斑衣蜡蝉、血斑叶蝉若虫发生盛期，树冠喷50%乐果乳油1 000～2 000倍液，或50%马拉硫磷乳油1 000～2 000倍液防治。柿疯病对青霉素比较敏感，可在树干上打孔，灌注青霉素溶液，也可以灌注四环素溶液。

6. 柿白粉病

(1)*危害症状*　只危害叶片，引起早期落叶，偶尔也危害新梢和果实。发病初期(5～6月份)，在幼叶上出现直径0.3～1毫米圆形病斑，中间密生针尖大的小黑点群，外有黄色晕斑，叶片变成淡紫色。这与一般白粉病特征不同，春季不产生白粉，往往不易识别。秋季降温后，老叶背面出现污白色霉斑(白色粉状的菌丝及分生孢子)，直径10～20毫米，秋后(10月份)霉斑中产生黄色至暗红色像红蜘蛛一般的小粒点，此为病菌的闭囊壳，以后闭囊壳呈黑红色。重则病叶自叶尖或叶缘逐渐变褐，并导致叶片干枯脱落。芽受害呈灰褐色或暗褐色，芽尖不能合拢呈刷状，重者枯死。

(2)*发病规律*　分生孢子的寿命很短，一般只能存活3～7天，所以不能成为越冬的器官。病菌以闭囊壳在落叶上越冬。翌年4月上旬，柿树萌芽展叶时，落叶上闭囊壳内的子囊孢子即成熟，并从闭囊壳飞散出子囊孢子，被风吹落附在叶背，发芽后从气孔侵入。而后产生分生孢子，当年进行多次侵染。病菌发育最适温度为15℃～20℃，26℃以上发育几乎停止，15℃以下便产生子囊壳。不同品种发病情况不同，管理粗放、树势较弱果园发生较严重。

(3)防治方法　及早清扫落叶，集中烧毁。冬季深翻果园，将子囊壳埋入土中。4月下旬至5月上旬喷0.3波美度石硫合剂，或1∶2～5∶600波尔多液，或25％三唑酮可湿性粉剂1 000～1 500倍液，杀死发芽的孢子，防止侵染。6月中旬在病情重时，喷70％甲基硫菌灵可湿性粉剂1 000倍液，或40％氟硅唑乳油8 000倍液等，抑制菌丝蔓延。

(二)主要虫害及防治方法

1. 柿蒂虫

(1)为害症状　1年发生2代，又名钻心虫、柿实虫，是为害柿果最严重的害虫，为害严重者能造成柿果绝收。主要以幼虫在果内蛀食为害，也蛀嫩梢，蛀果时多从果梗或果蒂基部蛀入，蛀孔有虫粪和丝状混合物，5月下旬第一代幼虫于果蒂和果实基部吐丝缠绕，被害幼果不易脱落，被害果由青变灰白，最后变黑干枯；第二代幼虫自8月上旬至柿果采收期陆续为害柿果，在柿蒂下蛀害果肉，但只蛀食柿蒂周围浅层果肉，被害果早期发红、变软脱落，俗称红脸柿、旦柿或烘柿。幼虫还有转果为害习性，8月下旬以后，幼虫老熟脱果，转入越冬场所。以老熟幼虫在粗皮裂缝或树干基部附近的土里或干柿蒂内结茧越冬。成虫为暗褐色小蛾，夜间活动交尾产卵，白天停留在阴暗处。卵多产在果实与柿蒂间隙内。

(2)发生规律　1年发生2代，以老熟幼虫在树皮缝或树干基部附近土中结茧越冬。越冬幼虫在4月中下旬开始化蛹，5月上旬成虫开始羽化，5月下旬为盛期。成虫白天静伏于叶背，夜晚活动。卵多产于果梗或果蒂缝隙，每雌蛾产卵10～40粒，卵期5～7天。第一代幼虫5月下旬开始蛀果，幼虫于果蒂和果实基部吐丝缠绕，使柿果不脱落，被害果变成灰白，最后变黑干枯。1头幼虫为害5～6个果。6月下旬至7月下旬，幼虫老熟后一部分留在果内，另一部分在树皮下结茧化蛹。第二代幼虫于8月上旬至9月中旬为害，造成柿果大量变红、变软而脱落。8月下旬开始陆续老熟越冬。

(3)防治方法　冬季或早春刮除大枝干、枝杈老翘皮，清除根颈周围浅土层及杂物，并集中烧毁，消灭部分越冬幼虫。在幼虫危害期(6～8月份)及时捡拾僵果，摘除虫果、干柿或黄脸柿，注意彻底地将柿蒂连同被害果一起摘除，集中深埋处理，及时消灭幼虫或蛹，可有效降低虫口密度。越冬幼虫脱果(8月中下旬)前，主干绑草把或诱虫带，诱集越冬幼虫，冬季将之解下集中烧毁处理。果园安装杀虫灯，诱杀成虫。在两代成虫羽化盛期和产卵期(一般在7月中旬至8月中旬)，每隔10～15天，喷菊酯类药剂2 000～3 000倍液，或其他有机磷药剂800～1 000倍液，喷药重点部位是果蒂。

2. 柿绵蚧　俗称树虱子、柿毛毡蚧、柿绒蚧，是柿树主要害虫之一，很难根除，受害树体除了树势减弱，产量降低以外，还严重影响柿果品质和销售价格。

(1)为害症状　在生长期内以雌成虫和若虫为害柿树的枝条、叶片、果实和柿蒂，刺吸汁液。嫩梢被害后形成黑斑，为害严重时致使枝梢枯死，叶片退绿变浅，被害严重时皱缩畸形，早期脱落，树势衰弱，柿果提前变红、软化、脱落。幼果被害容易落果，果实被害初期为黄绿色小点，虫体固着部位逐渐凹陷、木栓化，变成黑色，柿果长大以后，由绿变黄变软，严重时能造成裂果。

(2)发生规律　1 年发生 4 代，世代重叠。以被有薄层蜡粉的初龄若虫在主干、多年生枝、粗皮裂缝处越冬为主，少量在枝条轮痕、芽基、柿蒂处。5 月上旬出蛰后的若虫善于爬行，爬到嫩芽、新梢、叶柄、叶背等处吸食汁液，二龄以后开始固定取食，固着在柿蒂和果实表面为害，同时形成蜡被，逐渐长大分化为雌雄两性。5 月中下旬变为成虫交尾，然后雄虫死亡，雌虫体背形成白色卵囊，并开始产卵。第一代若虫发生在 6 月中旬，第二代发生在 7 月中旬，第三代发生在 8 月中旬，第四代发生在 9 月下旬。前 2 代主要为害叶片和新梢，后 2 代主要为害柿果，以第三代为害最重，造成柿果提前变红变软脱落，被害枝条提前落叶。10 月份以若虫转入越冬场所。枝、干上具有卵囊。枝多、叶茂、皮薄、多汁的品种受害重。

(3)防治方法　保护天敌，常见柿绵蚧的天敌有黑缘红瓢虫、红点唇瓢虫、小黑瓢虫和草蜻蛉等。早春刮除大枝干老翘皮，剪虫枝和柿蒂，消灭一些越冬若虫，对于受害严重的枝、干，可用毛刷、麻布片、光鞋底等物体擦伤虫体。9月上旬在主干主枝部位每隔50～60厘米绑1～2圈布条诱捕大部分就近越冬的若虫，冬季集中销毁。对受害严重的柿树，可在采果后用废棉花环包扎于主干、主枝，圈宽5～6厘米、厚1～2厘米，注入5%柴油乳剂，使棉圈充分湿润，外包上薄膜，扎紧上下两端，以毒杀树上害虫，春暖后除去。柿绵蚧的药剂防治有2个关键时期，第一个是在刮老翘皮的基础上，接近发芽前喷3～5波美度石硫合剂及用5%柴油乳剂涂干，基本上能控制全年为害；第二个防治关键时期在越冬若虫出蛰盛期(5月上旬)，当越冬若虫离开越冬部位尚未形成蜡壳前，喷40%乐果乳油1 500倍液，或50%敌敌畏乳油1 000倍液，或0.5～1波美度石硫合剂，或2.5%氯氟氰菊酯乳油2 000～3 000倍液，发生严重时，间隔10天喷1次，连喷2次。如果第二代若虫以后再防治，基本不能控制为害。

3. 柿长绵粉蚧

(1)为害症状　以雌成虫与若虫为害寄主的枝、芽、叶及果台，受害部位形成淡黄色或黄褐色斑点，被害严重的叶片，斑点常连成一片，出现枝、芽、果台枯死，叶片枯黄脱落，同时排泄的蜜露常导致煤烟病大发生。

(2)发生规律　1年发生1代，以三龄若虫群集在枝条阴面上结大米粒状的白茧越冬，常相互重叠堆集成团。翌年春寄主萌芽时开始活动，晴天中午常群集于枝头、嫩芽、幼叶及果台等处取食为害，5月间出蛰转移至嫩梢、幼叶及果实上刺吸为害。5月中旬雌成虫羽化出现，5月下旬转移到叶背，分泌白色绵状卵囊，至6月份陆续成熟产卵在卵囊中。6月下旬至7月上旬为卵孵化盛期。初孵若虫爬出卵囊，活动力较强，爬向嫩叶，若虫沿叶脉与叶缘寄生为害，多固着在叶背主脉附近吸食汁液，随着气温下降，若虫逐渐转移到枝条腹面或主干背面及树皮缝隙等处，分泌蜡质覆盖身体准备越冬。天敌有黑缘红瓢虫、大红瓢虫、二星瓢虫、寄生蜂等。

(3)*防治方法*　越冬期结合防治其他害虫刮树皮，用硬刷刷除越冬若虫。落叶后或发芽前喷洒3～5波美度石硫合剂，或45%晶体石硫合剂20～30倍液，或5%柴油乳剂。若虫出蛰活动后和卵孵化盛期喷40%速蚧克乳油1000～1500倍液，或80%敌敌畏乳油、40%乐果乳油1000倍液，特别是对初孵转移的若虫效果很好。如能混用含油量1%柴油乳剂有明显增效作用。

4. 柿毛虫　柿毛虫的成虫有趋光性，雄蛾白天旋转飞舞，所以又名舞毒蛾。

(1)*为害症状*　以幼虫取食柿树叶片，春季柿树发芽时，初孵的幼虫即开始为害幼芽，最初为害时钻一小孔，树叶长大后，成筛子状的窟窿眼。后期随着幼虫逐渐长大，食量也增大，大发生时如不抓紧除治，可将树叶全部吃光，甚至绝收。叶片被食光后萌发出二次新梢，由于二次新梢枝条的组织不充实，髓心较大，翌年春季1年生枝条容易枯死，严重影响柿树产量。

(2)*发生规律*　在河南省1年发生1代，以卵块(上边覆盖一层黄白色绒毛）在树干裂缝、大枝干的阴面、树下附近石块下和坝墙缝越冬。柿树发芽时虫卵开始孵化，初孵一龄幼虫有群集习性，日夜群集于叶背面，白天静止不动而夜间取食，使叶片成孔洞，受惊时吐丝下垂，借风转移扩散。二龄以后昼伏夜出，白天下树，隐藏于树皮裂缝或石块下，晚上上树为害。5月上旬为害最重，发生严重年份把树叶全部吃光，只剩叶脉。幼虫老熟后在树下、石块下、土块下、坝墙缝中结薄茧化蛹。6月中旬至7月上旬为成虫发生期，雄蛾善飞翔，白天常成群做旋转飞舞，多于梯田堰缝、石缝中交尾产卵越冬。

（3）*防治方法*　冬季或早春结合刮树皮、剪枝，刮掉树缝和枝干背面的虫卵块，并集中销毁。初孵幼虫群居期（萌芽展叶期），人工剪虫叶集中销毁。利用柿毛虫幼虫白天下树隐藏的习性，在树下堆集瓦片或石块进行诱集，或在主干距地面30～50厘米处刮去糙皮，缠宽60厘米的胶带，涂黏虫胶（如松香加废机油混合剂），阻止幼虫上树。在成虫羽化盛期，利用柿毛虫的趋光性和趋化性，挂糖醋罐或黑光灯诱杀产卵前的成虫，或悬挂性诱剂扰乱雄成虫嗅觉，阻止雄、雌成虫交尾。柿树萌芽期喷洒2.5%溴氰菊酯乳油3000倍液，或4.5%高效氯氰菊酯乳油1000倍液，或20%氰戊菊酯乳油1500倍液，消灭初孵化为害嫩芽的幼虫。喷药要求细致周到，树上和树皮缝及树下石堰缝隙都应喷到。

5. 柿斑叶蝉　别名柿血斑浮尘子、柿血斑叶蝉，分布于黄河、长江流域的柿产区，为害柿叶。

(1)为害症状　以成虫和若虫聚集在柿叶片背面刺吸汁液,破坏叶绿素的形成,被害叶片形成失绿斑点,严重时斑点密集成片,多斑相连使叶片正面出现苍白色斑,背面苍白色甚至淡褐色,呈卷缩状,影响柿树的光合作用,导致早期落叶、树势衰弱。柿斑叶蝉还是柿疯病的传毒昆虫。

(2)发生规律　在中原地区1年通常发生3代。以卵在当年生枝条的皮层内越冬。翌年4月份柿树展叶时孵化,若虫期约1个月。5月上中旬出现成虫,不久交尾产卵。非越冬卵单粒散产在叶背面叶脉附近,产卵孔外附有白色茸毛,发生期不整齐。卵期约半个月,6月上中旬孵化,此后30～40天1代,世代交替,常造成严重为害。秋后卵产于当年生枝条皮层内越冬。初孵若虫先集中于叶片背面的主脉两侧,吸食汁液,不活跃。随着龄期增长,食量增大,性活泼能横行,逐渐分散为害。成虫亦喜在叶背栖息,在叶脉两侧刺吸汁液,受惊扰即飞离。

(3)防治方法　清理树下杂草和落叶,剪掉有越冬卵的枝条,减少越冬虫源。在第一代若虫盛发期,若虫出现时喷布40%乐果乳油2 000倍液,或50%马拉硫磷乳油1 500倍液,或30%乙酰甲胺磷乳油1 500倍液,对树干粗、冠幅大的柿树进行5%柴油乳剂涂干。注意保护天敌红色食虫螨。

表4-4为柿树病虫害周年防治历。

表 4-4 柿树病虫害周年防治历*

主要防治对象	措施	具体方法和技术要求
柿毛虫、柿蒂虫、柿绵蚧、柿圆斑病、柿角斑病、柿炭疽病、柿白粉病、柿叶枯病	人工清除卵块	清理彻底，特别是树上要除净。将树上、墙缝、地阶内卵块收集销毁
	刮树皮	2月中旬至3月中下旬，整棵树刮除老皮，用以压低柿蒂虫、柿绵蚧等害虫越冬基数
	培土堆	于树干根颈周围，直径1米范围，培土厚度30厘米，并将刮下越冬害虫、粗皮等压在土堆下，杀死刮下的越冬害虫
	堵树洞	于3月中下旬化冻后进行，用黄土加白灰（10：3～4）和泥，堵树洞，消灭在树洞里越冬的病虫
	树干喷药	刮皮后用3～5波美度石硫合剂加1%阿维菌素乳油5000倍液、0.3%苦参碱水剂800～1000倍液、25%灭幼脲悬浮剂1000～2000倍液。喷布全树，触杀暴露在树体表面的柿蒂虫和柿绵蚧
	清 园	清除柿园中落叶及残枝出园并集中深埋或烧毁
柿毛虫	树干喷药环	在主干高1～1.5米处喷药环，宽15～20厘米。用药为1份药加50份水或柴油。药环要闭合，虫多时10天后喷第二次
柿绵蚧	树上喷药	柿绵蚧出蛰期，4月下旬至5月上旬，全树喷布25%噻嗪酮可湿性粉剂1500倍液、10%吡虫啉可湿性粉剂2000倍液，防治柿绵蚧，同时兼治越冬柿蒂虫和初孵柿毛虫、线灰蝶
白粉病	树上喷药	4月下旬至5月上旬喷洒0.3波美度石硫合剂
柿毛虫	树上喷药	4月下旬喷洒50%辛硫磷乳油1000～1500倍液

续表 4-4

主要防治对象	措　施	具体方法和技术要求
线灰碟、柿绵蚧	树上喷药	5月上中旬喷洒25%噻嗪酮可湿性粉剂1500倍液，或40%杀扑磷乳油800～1000倍液，兼治柿血斑叶蝉
叶蝉类	树上喷药	5月中旬喷洒25%噻嗪酮可湿性粉剂1500～2000倍液
柿蒂虫	树上喷药	5月上下旬(初花后7～8天)，喷10%醚菊酯悬浮剂800～1000倍液，或4.5%高效氯氰乳油2500倍液，重点喷果实、柿蒂
尼燕灰蝶	树上喷药	5月下旬，喷洒50%蛾螨灵乳油1500～2000倍液，重点是花和幼果上
柿圆斑病、柿角斑病、柿炭疽病、柿白粉病、柿叶枯病	树上喷药	5月底至6月初、6月底、7月底，喷洒70%代森锰锌可湿性粉剂600倍液，或75%百菌清可湿性粉剂1000倍液，或1：5～6：(500～600)倍波尔多液，3次，重点喷叶背，细致，周到
柿蒂虫	撤土堆	撤除休眠为防治柿蒂虫所培土堆，亮出根颈
柿绵蚧、苹大卷叶蛾、茶翅蝽、叶蝉	树上喷药	6月上中旬喷洒25%噻嗪酮可湿性粉剂1500倍液，或20%甲氰菊酯乳油3000倍液
尼燕灰蝶	人工捕捉	6月中旬，人工捕捉尼燕灰蝶蛹

* 北京市地方标准《柿子无公害生产综合技术》

(三)柿树害虫主要天敌的保护与利用

近年来，随着高效、快速、简便化学农药的出现，化学防治已成为果树害虫治理的主要措施。但高毒、高残留及广谱性杀虫剂的大量应用，在防治果树害虫的同时，也杀灭了许多有益的天敌，致使一些次要害虫成为主要害虫，为害猖獗。重视以害虫为主要食料的害虫天敌的保护，利用天敌群体控制有效地遏制害虫，国内外在这方面有着悠久的历史，积累了许多成功的经验，目前已成为生产无公害绿色果品的重要举措。

1. 柿园害虫的主要天敌 果园中害虫的天敌分为捕食性和寄生性两大类。前者主要包括捕食性瓢虫、草蛉、小花蝽、蓟马、食蚜蝇、捕食螨、蜘蛛和鸟类，后者包括各种寄生蜂、寄生蝇、寄生菌等。

(1)**瓢虫** 是果树害虫主要的捕食性天敌。以成虫和幼虫捕食多种蚜虫、叶螨、介壳虫、粉虱、木虱、叶蝉和其他小型昆虫。常见的有七星瓢虫、异色瓢虫、黑缘红瓢虫和深点食螨瓢虫。其中黑缘红瓢虫，群众称为花大姐、花媳妇，是专吃球坚蚧的益虫，1 头黑缘红瓢虫一生可捕食介壳虫 2 000 头，对控制介壳虫为害作用很大。红点唇瓢虫捕食介壳虫的种类很多，如柿绵蚧、柿绒蚧、龟蜡蚧、桑白蚧、梨圆蚧、朝鲜球坚蚧、东方盔蚧、牡蛎蚧和松干蚧等，以及蚜虫、木虱和叶蝉等害虫。红环瓢虫的寄主有草履蚧、桑白蚧和柿绵蚧等，有草履蚧的地方一般有此虫，发生量大时可消灭草履蚧 70%～80%。用手触之，幼虫可从体节上分泌出红色液体，易识别。暗红瓢虫与红环瓢虫近似，捕食草履蚧等，触之体上也能分泌出红色黏液，发生情况与红环瓢虫也相似。

多数有机磷、菊酯类杀虫剂对瓢虫伤害力很强，如乐果、辛硫磷、敌敌畏、毒死蜱、氰戊菊酯、顺式氰戊菊酯。对瓢虫较安全的杀虫剂有苏云金杆菌、印楝素、烟碱、灭幼脲、虫酰肼、噻嗪酮、吡虫啉、啶虫脒、鱼藤酮、阿维菌素、抗蚜威和唑蚜威。

(2)寄生蜂　寄生蜂个体较小,体色多为黑色、褐色、黄色,翅透明,翅痣黄色至褐色。一般情况下,寄生蜂把卵产在害虫卵或幼虫体内,利用寄主组织作营养,幼虫在寄主体内孵化、化蛹,最后羽化为成虫飞出。在不喷洒化学农药的果园中春季调查,枝干上的介壳虫被寄生率可达70%以上。

介壳虫的寄生蜂有多种,一种介壳虫可被多种寄生蜂寄生。在柿园,跳小蜂、短缘毛蚧小蜂等寄主性天敌对柿介壳虫的作用极为明显。柿绒蚧(柿绵蚧)跳小蜂,雌成虫体长0.84～0.86毫米,全体黄褐色,翅透明,足黄白色。产卵器浅黄色,突出腹部末端。柿绵蚧寄生蜂的成虫期与介壳虫若虫期相吻合。龟蜡蚧跳小蜂,雌成虫体长2毫米,头橙黄色,胸背青蓝色,有光泽,侧缘、腹面翅基为赤黄色,前翅淡黑色,中央有透明横带,腹部近卵圆形,产卵器突出尾端。

蚜虫的寄生蜂主要有蚜茧蜂和蚜小蜂两大类,一种寄生蜂可寄生多种蚜虫。寄生蜂个体较小,细长形,体长1～3毫米,体色为黑色或褐色,前、后翅膜质透明。

寄生蜂还是鳞翅目害虫的主要天敌,主要有赤眼蜂、绒茧蜂、小茧蜂、姬蜂、肿腿蜂类等。

有机磷和氨基甲酸酯杀虫剂对寄生蜂有杀伤作用,而且残毒时间较长。对寄生蜂伤害大的杀虫剂有氟虫腈、毒死蜱、虫螨腈、阿维菌素、多杀菌素和氰戊菊酯等。苏云金杆菌、印楝素、灭幼脲、虫酰肼、甲萘威、多杀霉素、吡丙醚、石硫合剂、机油乳剂、白僵菌对寄生蜂较安全,杀螨剂噻嗪酮、苯丁锡、浏阳霉素、四螨嗪等对寄生蜂也较安全。

(3)草蛉　主要有大草蛉、丽草蛉、中华草蛉和普通草蛉等。多以幼虫捕食蚜虫、叶螨、叶蝉、蓟马、介壳虫,以及鳞翅目害虫的低龄幼虫和多种卵。草蛉成虫体色多为绿色,复眼金绿色,触角丝状、细长。草蛉的食性虽然很广,但不同种类的草蛉对寄主有明显的选择性。中华草蛉成虫喜食多种虫卵和幼虫,但不食蚜虫,一至三龄幼虫捕食山楂叶螨若螨;普通草蛉幼虫捕食蚜虫、叶螨、介壳虫。1 头草蛉一生能消灭蚜虫 1 000～1 200 头、叶螨 1 000 余头。

有机磷类和拟除虫菊酯类的绝大多数杀虫药对草蛉成虫和幼虫有杀伤作用。对草蛉较安全的杀虫药有苏云金杆菌、印楝素、灭幼脲、杀铃脲、氟啶脲、抗蚜威、阿维菌素和硫丹。

(4)捕食螨　捕食螨是以植食性害螨为猎物的益螨类,能根据害螨分泌物自动追踪捕食害螨的卵、若螨和成螨,还捕食一些蚜虫、介壳虫等小型害虫。捕食螨发育周期短,捕食量大,繁殖力强,1 头植绥螨雌螨一生可捕食害螨 100～200 头。

有机磷杀虫剂、菊酯类杀虫剂、杀虫脒对植绥螨和盲走螨杀伤严重。对其较安全的有苏云金杆菌、蜡蚧轮枝菌、印楝素、印虫威、虫酰肼、吡虫啉、多杀霉素、硫丹、噻嗪酮、四螨嗪、联苯菊酯和苯丁锡。

(5)食虫椿象　食虫椿象是果树害虫天敌的一大类群，其种类较多，大多无臭味，小黑花蝽是最为常见的一种，可捕食蚜虫、害螨、介壳虫和叶蝉等多种害虫及卵。其活动性强，繁殖力高，捕食量大，1头小黑花蝽一生中可消灭害螨2 000头以上。

阿维菌素对小黑花蝽有直接毒杀作用，对捕食能力也有一定影响。苏云金杆菌对小黑花蝽安全。

(6)食蚜蝇　以幼虫(蛆)取食多种果树和蔬菜的蚜虫，用口器叼住蚜虫，举在空中，吸尽体液后扔掉蚜虫尸体，每头可捕食蚜虫700～1 500头，同时也能捕食叶蝉、蓟马、介壳虫以及鳞翅目害虫的低龄幼虫和多种卵。成虫不能捕食，早春聚集在花丛中取食花蜜。不同食蚜蝇成虫大小、体型不同。外观似蜂，体色单一暗色或常具黄、橙、灰白等色彩的斑纹，某些种类则有蓝、绿、铜等金属色，其中黑带食蚜蝇是果园较为常见的一种。

杀虫剂对食蚜蝇的影响同瓢虫。

2. 天敌的保护和利用措施

(1)果园种草　果园种草就是在果树行间种植有益草种，要求矮秆或匍匐、耐阴、耐践踏、耗水量较少，通常以豆科牧草为主，如白三叶、紫花苜蓿、田菁等，禾本科的早熟禾、结缕草、燕麦草等也可以。因为牧草发芽早，生长期长，有利于天敌的活动，同时牧草上的害虫也为天敌的生存供给了良好的食物来源。实践证明，种草果园不但天敌数量大、物种丰富，果园的生态环境更趋于稳定，而且能够改善土壤结构、增加有机质含量、涵养水分、抗寒抗旱，可谓一举多得。

(2)注意果树萌芽前害虫的防治　害虫与天敌相比，越冬后的活动时期比较早，故在果树萌芽前，害虫就开始出蛰。此时可采取多种措施予以消灭。常用措施有剪虫枝、刮树皮、抹虫卵等。此时喷药也是防治越冬害虫而不伤害天敌的时机。害虫出蛰后，大都暴露在地外面，极易接触农药，而害虫的天敌此时尚未出蛰，喷药对天敌影响不大，因此天敌得到了保护，并且可以使用广谱性杀虫剂消灭害虫。

(3)果树生长前期不喷或少喷广谱性杀虫剂　天敌和害虫一样，大部分种类在果园内越冬，越冬后的天敌陆续出蛰，寻找食物。在自然界，往往先发现害虫，后出现天敌，这种现象叫天敌跟随现象。果树在6月份以前的生长期以小花蝽、草蛉、瓢虫、蓟马、蜘蛛等捕食性天敌为多；7月份以后捕食螨即成为果园的主要天敌类群。在施药合理或不喷药的果园，这些天敌发生数量较多，尤其在6～7月份，会发现大量的天敌活动，使蚜虫、害螨和部分食叶害虫的发生受到抑制。而在不合理施药的果园，却很少发现这些天敌的存在，害虫也就容易成灾。故在果树生长前期应尽量少喷或不喷广谱性杀虫剂，从而有效地保护天敌，控制害虫为害。

(4)使用选择性杀虫剂　许多杀虫杀螨剂对天敌活动的影响不大，称之为选择性农药。准确选用杀虫杀螨剂,不但有效保护天敌,而且可杀灭害虫。一般来说,生物源杀虫剂对天敌的危害轻,尤其是生物农药比较安全。化学源农药中的有机磷、氨基甲酸酯杀虫剂对天敌的杀伤作用最大,菊酯类杀虫剂对天敌危害也很大,昆虫生长调节剂类对天敌则比较安全。常用生物杀虫剂品种有灭幼脲、杀铃脲、吡虫啉、噻嗪酮、机油乳剂、苏云金杆菌、白僵菌等,杀螨剂有阿维菌素、浏阳霉素、四螨嗪、噻嗪酮、哒螨灵、硫磺悬浮剂等。喷药时注意交替使用杀虫机制不同的杀虫剂,尽可能地减低喷药浓度和用药次数。

(5)人工释放害虫天敌　对于一些常发性害虫,单靠天敌本身的自然增殖是很难控制的,因为天敌往往是跟随害虫之后发生的,比较被动。若在害虫发生之初自然天敌不足时,提前释放一定数量的天敌,则能主动控制害虫,取得较好的防治效果。如春季可从寄生率高的果园采集带有寄生蜂的枝条,移放到介壳虫严重的果园,或采集成虫移放到果园,逐渐在此园建立跳小蜂群落。国内有些研究单位大量工厂化生产与销售赤眼蜂,购买后按说明书释放。

(四)柿园无公害生产的用药限制

在柿无公害生产中,根据防治对象的生物学特性和危害特点,允许使用生物源农药、矿物源农药和低毒有机合成农药,有限制地使用中毒农药,禁止使用剧毒、高毒、高残留农药。

1. 允许使用的农药品种及使用技术　详见表 4-5 至

表 4-7。

表 4-5 柿园允许使用的主要杀虫、杀螨剂

农药品种	毒 性	稀释倍数和使用方法	防治对象
1%阿维菌素乳油	低 毒	5000 倍,喷施	柿蒂虫、舞毒蛾、卷叶虫、线灰蝶、叶螨
10%吡虫啉可湿性粉剂	低 毒	2000 倍,喷施	柿棉蚧
25%噻嗪酮可湿性粉剂	低 毒	1500～2000 倍,喷施	柿棉蚧、草履蚧、叶蝉
0.3%苦参碱水剂	低 毒	800～1000 倍,喷施	叶螨类
5%噻嗪酮乳油	低 毒	2000 倍,喷施	叶螨类
25%灭幼脲悬浮剂	低 毒	2000 倍,喷施	柿蒂虫、舞毒蛾、卷叶虫
10%醚菊酯悬浮液	低 毒	800～1000 倍,喷施	柿蒂虫、舞毒蛾、卷叶虫、茶翅蝽、双棘长蠹、线灰蝶
50%马拉硫磷乳油	低 毒	1500～2000 倍,喷施	柿蒂虫、舞毒蛾、卷叶虫、茶翅蝽、线灰蝶、叶蝉等
50%辛硫磷乳油	低 毒	1000～1500 倍,喷施	舞毒蛾、卷叶虫、茶翅蝽、线灰蝶
舞毒蛾 NPV 病毒(6×10^{9}个/毫升)	低 毒	800～1000 倍,喷施	舞毒蛾
苏云金杆菌可湿粉剂(活孢子 100 亿个/克以上)	低 毒	500～1000 倍,喷施	舞毒蛾、卷叶虫、线灰蝶
石硫合剂水剂	低 毒	发芽前 3～5 波美度,生长期 0.3～0.5 波美度,喷施	柿蒂虫、介壳虫、叶螨等

续表 4-5

农药品种	毒　性	稀释倍数和使用方法	防治对象
45%晶体石硫合剂水剂	低　毒	发芽前 60 倍，4～5 月份 270 倍，气温 32℃以上 600～1000 倍，喷施	柿蒂虫、介壳虫、叶螨等
索利巴尔	中等毒	发芽前 100 倍，生长期 300 倍，喷施	柿蒂虫、介壳虫、叶螨等

表 4-6　柿园允许使用的主要杀菌剂

农药品种	毒　性	稀释倍数和使用方法	防治对象
5%菌毒清水剂	低　毒	萌芽前 30～50 倍，涂抹，100 倍，喷施	腐烂病，枝干轮纹病
腐必清乳剂（涂剂）	低　毒	萌芽前 2～3 倍，涂抹	腐烂病、枝干轮纹病
2%嘧啶核苷类抗菌素水剂	低　毒	萌芽前 10～20 倍，涂抹，100 倍，喷施	腐烂病、枝干轮纹病
80%代森锰锌可湿性粉剂	低　毒	800 倍，喷施	斑点落叶病、轮纹病、炭疽病
80%代森锰锌可湿粉	低　毒	800 倍，喷施	斑点落叶病、轮纹病、炭疽病
70%甲基硫菌灵可湿性粉剂	低　毒	800～1000 倍，喷施	斑点落叶病、轮纹病、炭疽病
50%多菌灵可湿粉	低　毒	600～800 倍，喷施	轮纹病、炭疽病
40%氟硅唑乳油	低　毒	6000～8000 倍，喷施	斑点落叶病、轮纹病、炭疽病

续表 4-6

农药品种	毒性	稀释倍数和使用方法	防治对象
1%中生菌素水剂	低毒	200倍，喷施	斑点落叶病、轮纹病、炭疽病
27%碱式硫酸铜悬浮剂	低毒	500～800倍，喷施	斑点落叶病、轮纹病、炭疽病
石灰倍量式或多量式波尔多液	低毒	200倍，喷施	斑点落叶病、轮纹病、炭疽病
50%异菌脲可湿性粉剂	低毒	1000～1500倍，喷施	斑点落叶病、轮纹病、炭疽病
70%代森锰锌可湿性粉剂	低毒	600～800倍，喷施	斑点落叶病、轮纹病、炭疽病
70%乙铝·锰锌可湿性粉剂	低毒	500～600倍，喷施	斑点落叶病、轮纹病、炭疽病
硫酸铜	低毒	100～150倍，灌根	根腐病
15%三唑酮乳油	低毒	1500～2000倍，喷施	白粉病
50%硫磺胶悬剂	低毒	200～300倍，喷施	白粉病
石硫合剂	低毒	发芽前3～5波美度，开花前后0.3～0.5波美度，喷施	白粉病、霉心病等
843康复剂	低毒	5～10倍，涂抹	腐烂病
68.5%多抗霉素水剂	低毒	1000倍，喷施	斑点落叶病等
75%百菌清可湿性粉剂	低毒	600～800倍，喷施	轮纹病、炭疽病、斑点落叶病等

表 4-7 柿园限制使用的主要农药品种

农药品种	毒 性	稀释倍数和使用方法	防治对象
20%甲氰菊酯乳油	中等毒	3000 倍，喷施	柿蒂虫、舞毒蛾、卷叶虫、线灰蝶、双棘长蠹等
30%桃小灵乳油	中等毒	2000 倍，喷施	柿蒂虫、舞毒蛾、线灰蝶、茶翅蝽等
80%敌敌畏乳油	中等毒	1000～2000 倍，喷施	柿蒂虫、舞毒蛾、卷叶虫、线灰蝶、介壳虫、茶翅蝽、双棘长蠹等
4.5%高效氯氰菊酯乳油	中等毒	2000～3000 倍，喷施	柿蒂虫、舞毒蛾、介壳虫、叶蝉、茶翅蝽、双棘长蠹等
20%氰戊·马拉松乳油	中等毒	2500 倍，喷施	柿蒂虫、舞毒蛾、卷叶虫、叶蝉、茶翅蝽等
5%氰戊菊酯乳油	中等毒	2500 倍，喷施	柿蒂虫、舞毒蛾、卷叶虫、线灰蝶、茶翅蝽、双棘长蠹等
20%氰戊菊酯乳油	中等毒	3000 倍，喷施	柿蒂虫、舞毒蛾、卷叶虫、线灰蝶、茶翅蝽等
70%溴氰·马拉松乳油	中等毒	2000 倍，喷施	柿蒂虫、舞毒蛾、卷叶虫、叶蝉等
2.5%溴氰菊酯乳油	中等毒	3000 倍，喷施	柿蒂虫、舞毒蛾、卷叶虫、叶蝉等

2. 禁止使用的农药 具体参见《中华人民共和国农业部公告第 199 号》。包括甲拌磷、乙拌磷、久效磷、对硫磷、甲基对硫磷、甲基异柳磷、氧化乐果、磷胺、克百威、涕灭威、灭多威、杀虫脒、三氯杀螨醇、炔螨特、滴滴涕、六六

六、林丹、氟化钠、氟乙酰胺、福美胂及其他砷制剂等。

3. 使用注意事项　允许使用的农药，每种每年最多使用2次，最后1次施药距采收期间隔应在20天以上。限制使用的农药，每种每年最多使用1次，施药距采收期间隔应在30天以上。注意不同作用机制的农药交替使用和合理混用，以延缓病菌和害虫产生抗药性，提高防治效果。柿树对铜离子敏感，含游离铜离子很高的农药，如碱式硫酸铜、氧化亚铜、氢氧化铜等不能用，波尔多液的使用也必须配制石灰多量式波尔多液1∶(5～6)∶(500～600)，否则易产生药害。

在柿生产中允许使用的植物生长调节剂主要种类有6-糠基腺嘌呤、6-苄基腺嘌呤、赤霉素类、乙烯利、矮壮素等，应严格按照规定的浓度、时期使用，每年最多使用1次，安全间隔期在20天以上。禁止使用的植物生长调节剂有比久、萘乙酸、2,4-二氯苯氧乙酸(2,4-D)等。

六、采收及采后技术

(一)确定合理采收期

根据柿果成熟度把握好采收期。采收过早，果实的大小和质量达不到最大程度，营养物质也不丰富，色、香、味欠佳，不能显示出该品种应有的优良性状和品质，也达不到适合于鲜食、贮藏、加工的要求。若采收过迟，柿果已过熟软化，既不便加工，也不耐贮运。

柿果的采收期还应考虑到用途、品种等因素。以鲜食为主的柿果一般采收可稍早，脱涩脆柿宜在果实已达到应有的大小、果皮转黄色但尚未完全着色时采收，这样脱涩后可保持果肉鲜、硬、脆，果心不软化。若采收过早，皮色尚绿，脱涩后则水分多、甜味少，质粗而品质不良；过晚采收，脱涩后，柿果容易变软，达不到脆硬可口。甜柿在树上已脱涩，采收后即可食，一般都作鲜果食用，但不可过熟，否则肉质软化，甜味减少，风味欠佳。最适采收期是在果皮完全转黄并开始转红色，肉质尚未软化时采收，此时品质最佳。

若果实作制饼、制脯用时，采收可稍晚，未熟果制饼肉质粗而甘味少，要在果实充分成熟、果皮黄色减退而稍呈红色时采收，既便于削皮加工，又可保持加工品质量。尤其是晚熟品种，适当推迟采摘柿果，最好在霜降后采收，利用秋、冬光照及昼夜温差大的气候特点，提高柿果的可溶性固形物含量，可加工制作成更加优质的柿饼。但不可达到完熟状态，完熟果在干燥过程中易软化，表面生皱，所得干柿率低，且制饼时除皮困难。

若制作烘柿或用于加工柿酒时，应待果实在树上黄色减退，充分转为红色，通常在霜降节后，即完熟后采收。若采收过早，果皮变黄色即采下，所制作烘柿色劣味淡，含糖量低，品质较差，加工品的质量也受影响。

（二）采收方法

采收前应对柿园进行估产，制订采收计划，准备好各种相关的采收用具，如采果梯、采果剪、果箱或果筐、铺垫物等，以及运输工具和贮存库房。

采收宜选晴天进行，阴雨天及久雨骤晴等湿度大时都不能立即采收，否则果肉味淡或运输中易腐烂，制饼时干制时间延长，且成品色泽不佳。采下的柿果贮存处也应有防雨设备。

柿的果柄很硬，若需贮藏或运输，最好用采果剪进行单果采摘。边摘边剪去果柄，壮枝采果时应剪在果梗部，因为当年结果枝可能是翌年的结果母枝，弱枝采果时可将结果枝连枝剪下，留下 1～2 个芽或留基部副芽，即采果兼行修剪，然后在果梗近蒂部留短剪平，以免包装或运输时刺伤邻果。若用于加工柿饼，则须留果柄，或带一小段果枝，以便悬挂晾晒。

意大利在柿的鲜食采收时采用的是可移动式升降采收台。采收时人站在采收台上，可根据果实的部位调节采收台的高低。我国目前主要用采果梯，对于过高处的果实通常使用采果器(采果袋)。采果器是用粗硬的铁丝或铅丝弯成直径 20 厘米的圆圈，圈内两边有一对钩，圈下缝有布袋，将其固定在长竹竿上，采果时以钩夹果，顺着枝条的方向往外拉，果实即可落入袋中。过去传统的折枝采收法是用竹竿将果实连同枝叶一起折下采收，枝叶损失很大，造成贮藏营养不必要的消耗，并在树上留下大量劈裂伤口，影响树势，更为严重的是这种方法会因此把翌年的大量健壮结果母枝折掉，影响产量，应尽量减少使用。

采收过程中应小心操作，减少机械损伤。采果时轻拿轻放，采下的柿果不宜直接放在地面上与土壤接触，而应直接入筐或暂存于地面的铺垫物上。将果柄剪短至3毫米左右，剪口平，避免碰伤。保持柿蒂、萼片的完整，这对后期贮藏也很重要。

(三)分级与包装

果实分级的目的在于使之达到商品的标准化要求。果实分级后，同一包装中果实大小整齐、质量一致，在销售中有利于以质论价。同时，在分级过程中剔除了病虫果和机械伤果，减少了贮运环节中的病菌传播和果实损失。筛选出来的果实可用作加工原料或及时降价处理，减少浪费。

果实的分级以果实品质和大小两项内容为主要依据，通常在品质分级的基础上，再按果实的大小进行分级。此外，果实分级有时还因果实的用途而有差别。柿果质量方面也有相关的标准出台，如北京市地方标准《柿子无公害生产综合技术》(GB 11/T 331－2005)。在这个标准中，将鲜柿分为特级果、一级果和二级果，从基本要求、果形、柿蒂、单果重和果面缺陷等5个方面规定了各等级的规格指标(表4-8)。另外，还对一些主栽品种从果实色泽、硬度、可溶性固形物和单果重等理化指标方面提出了具体的等级标准，并规定了柿果的卫生指标，对柿果中重金属及其他有害物质做了限量。柿果分级目前主要还是采用人工分级方法。

表 4-8　柿果质量等级标准

项目		特级	一级	二级
基本要求		果实完整良好，新鲜洁净，具有本品种成熟时的色泽，无病果、虫果，无异味，无不正常外来水分，果实充分发育成熟，具有本品种应有的特征，且果实安全卫生		
果形		端正	端正	允许有轻微凹陷或突起
柿蒂		完整	完整	允许轻微损伤
单果重	大型果	≥300克	≥240克	≥200克
	中型果	≥180克	≥150克	≥120克
	小型果	≥100克	≥75克	≥60克
缺陷	刺伤	无	无	无
	碰压伤	无	允许轻微碰压伤不超过0.5厘米^2/处	允许轻微碰压伤不超过0.5厘米^2/处
	摩伤	无	允许轻微摩伤，总面积不超过果面的1/20	允许轻微摩伤，总面积不超过果面1/10
	日灼	无	允许轻微日灼，总面积不超过1.5厘米^2	允许轻微摩伤，总面积不超过3.0厘米^2
	虫伤	无	允许轻微虫伤，不超过3处	允许轻微虫伤，不超过5处
	心皮分离	无	无	允许轻微分离，不超过2处
容许度		一级果不许超过上述2项缺陷，二级果不超过3项		

包装可减少果实在运输、贮藏、销售中由于摩擦、挤压、碰撞等造成的果实伤害，使果实易于搬运和码放，精美的包装还具有展示和宣传作用。作为包装的容器首先

应具备一定的强度，保护果实不受伤害，材质轻便，便于搬运，容器的形状应便于码放，适应现代运输方式，价格便宜。目前，柿果的包装材料主要为瓦楞纸板箱（盒），根据容量大小设有不同的通风散热孔。

柿果不耐挤压，包装箱内还要有纸垫板或软质塑料垫板，包装时将果实蒂对蒂，顶对顶，按层码放整齐，各层间也用垫板隔开，减少挤压和摩擦。涩柿分级后有的需根据订单要求进行人工脱涩后再装箱。精果包装通常在纸板箱内还有隔挡板，内包装采用专用包果纸或套塑料发泡网套单果包装。近年来，市场上便于手提携带的小礼品箱包装很受消费者欢迎。箱体应注明商标、品种、产地、重量、等级、包装日期等信息。

（四）贮藏特点

采收的柿果进入市场之前，需经过预冷、低温贮藏等环节。

1. 果实特性与贮藏性 柿果的耐贮性，不同品种之间差异很大，一般晚熟品种较耐贮（如绵丹柿、火柿、骏河等），早熟品种不耐贮（如七月早、饶天红、摘家烘、伊豆等）；一般大果贮藏性差，容易变软，特别是富有，大型果常发生蒂隙而长霉，果顶也容易软化，小果虽较耐贮，但商品价值低，所以贮藏用的果实以中等偏大的为宜；贮藏用的应适当早采，不可在完熟期采收，另外，在树上曾遭霜冻的果实，极不耐贮；在树上感染炭疽病或受到柿绵蚧、椿象为害的果实，采后不久便软，贮藏时必须剔除。

2. 影响贮藏的因素

(1)采后呼吸　柿的呼吸型属于末期上升型，但采收后呼吸作用所排出的二氧化碳会迅速降低，然而当开始软化时二氧化碳含量又会增多。抑制呼吸是柿果长期贮存的关键。

(2)乙烯利　柿果软化时产生的乙烯数量远低于苹果和山楂。但是一旦遇到外来乙烯，呼吸作用马上增强，导致果实迅速变软。即使库内乙烯含量只有1毫克/千克，反应也极为明显。烟草的烟和汽车的废气，都存在大量的乙烯，因此入库过程尽量降低环境影响。

(3)贮藏温度　柿果最适贮藏温度为0℃～1℃。但在－2℃左右会开始冻结，因此必须特别注意冷库内在冷风口附近的贮藏温度。

(4)气调(CA)效应　用人工方法调节氧和二氧化碳浓度可延长贮藏期。实践证明，含氧5%、二氧化碳5%～10%的气调效果最好，可防止柿果软化，并可明显保持脆度。

第五章 柿产业存在的问题与对策

对于将柿作为重要支柱性农业产业的区域，应该由政府牵头将产业发展各部门联合起来，通过制订产业发展规划、完善相关配套政策、统一组织实施、进行有效监管、强化宣传培训、打造统一品牌等措施，发挥柿产业区域优势，提升柿产业整体竞争力。或由政府积极引导和扶持柿种植、加工、销售为一体的具有相当规模的柿农民专业合作社或协会等组织，使其成为产业运作的“生力军”，带动柿产业的发展，形成果农、加工企业、市场一体化的订单式农业产业链，辐射带动产业链上更多的人共同受益。

从目前各地的柿产业发展来看，在以下几个方面需要拓展和加强。

一、种植业的技术服务体系

生产方面，通过各种形式培训技术骨干，使之成为一支实用技术推广的生力军，包括邀请专家讲课、举办电视讲座等培训形式，尤其在病虫害防治方面需要让无公害生产的理念深入人心。另外，应该针对中、高端市场消费群体的精品果需求增加进行高标准化的生产指导，提高精制高档产品的生产能力。

二、完善柿产业灾害预防体系

对于某些可通过政策上保护价收购受灾柿果、技术上灾前预防灾后补救以及商业化农业保险等措施完善产业预防灾害保护体系，使果农利益损害最小化，有力推动柿产业的健康有序发展。

三、健全营销网络

注意搞好柿果产品的商标注册，运用商标战略开拓市场，提升产品知名度；注意拓宽市场销售渠道，采取在各大中城市设立直销点、与大型超市和批发市场签订长期供销合同、在主产地举办柿子节及产品展示会等多种销售方式，不能停留在等客商上门收购的传统销售方式上；搭建网络销售信息平台，及时有效地为柿农提供市场行情、价格、产品供求等各方面灵通的信息。

四、传统产业的改造与提升

一些传统柿产业已跟不上市场的需求，在新的发展形势下，需要加强探讨柿产业在农村区域经济发展的新举措。近些年来，在一些有旅游发展潜力的地区结合旅游业发展建设柿观光采摘园，提高了生产效益，取得了不错的效果；而更多的产地可能需要结合加工延伸产业的链条。

五、采后产业链延伸

需要多层次深度开发具有柿果自身特色的食用品、饮用品和日用品。目前，各地已经有很多的柿加工企业，产品类型也不少，如柿子酒、柿子醋、柿子汁、柿子蜜、柿霜糖、柿脯、柿子糕点、柿叶茶、柿漆等，近年还有一些新的产品，如柿蒸馏酒、冰柿、柿粉出现。但多数企业规模小，工艺落后，需要扶持和进行工艺改造，提高产品质量。在柿集中产区，应该有计划、有步骤地加快柿果品采后商品化处理和贮藏加工业的发展，使各种特色产品得到更多消费者的青睐。

金盾版图书，科学实用，
通俗易懂，物美价廉，欢迎选购

书名	定价
灰枣高产栽培新技术	10.00
枣树病虫害防治(修订版)	7.00
枣病虫害及防治原色图册	15.00
黑枣高效栽培技术问答	6.00
柿树栽培技术(第二次修订版)	9.00
图说柿高效栽培关键技术	18.00
柿无公害高产栽培与加工	12.00
柿子贮藏与加工技术	6.50
石榴高产栽培(修订版)	8.00
石榴标准化生产技术	12.00
提高石榴商品性栽培技术问答	13.00
神农之魂大地长歌	168.00
农村常用应用文写作	15.00
大学生村官必读	19.00
农业生产与气象	12.00
农业气象灾害防御知识问答	10.00
农用气象解读	8.00
农家科学致富 400 法(第三次修订版)	40.00
农村实用文书写作	13.00
新农村文化建设与信息资源开发	10.00
都市型现代农业概要	12.00
新农村科学种植概要	17.00
新农村科学养殖概要	15.00
农村土地资源利用与保护	11.00
新农村可持续发展模式与农业品牌建设	11.00
农村干部防腐倡廉与监督	13.00
新农村社会保障体系建设	9.00
新农村环境保护与治理	12.00
大学生村官的使命与创业	10.00
农业技术推广与农村招商引资	11.00
农业防灾减灾及农村突发事件应对	13.00
依法维护农村社会生活秩序	13.00
农村金融与农户小额信贷	11.00
农村土地管理政策与务实	14.00
农村环境保护	16.00
农村村务管理	12.00
农村财务管理	17.00
农村政策与法规	17.00
农村实用信息检索与利用	13.00
园艺设施建造与环境调控	15.00
现代蔬菜育苗	13.00
蔬菜病虫害防治	15.00
果树苗木繁育	12.00
设施果树栽培	16.00